大型外浮顶储罐火灾应急技术

李 娜 主编

石油工业出版社

内 容 提 要

本书介绍了外浮顶储罐的发展简况、外浮顶储罐的结构及火灾风险等基本知识、外浮顶储罐安全应急管理的相关内容,重点介绍了外浮顶储罐火灾模拟、应急技术,并收集整理了国内外比较典型的外浮顶储罐火灾事故案例。

本书适用于石化企业设备管理、应急管理、应急救援及相关人员参阅。

图书在版编目(CIP)数据

大型外浮顶储罐火灾应急技术/李娜主编. — 北京:
石油工业出版社,2019.5
ISBN 978-7-5183-3214-4

Ⅰ. ①大… Ⅱ. ①李… Ⅲ. ①浮顶油罐-火灾-应急对策 Ⅳ. ①TE972

中国版本图书馆 CIP 数据核字(2019)第 066709 号

出版发行:石油工业出版社
        (北京安定门外安华里 2 区 1 号楼   100011)
        网   址:www.petropub.com
        编辑部:(010)64523712
        图书营销中心:(010)64523633
经   销:全国新华书店
印   刷:北京中石油彩色印刷有限责任公司

2019 年 5 月第 1 版   2019 年 5 月第 1 次印刷
787×1092 毫米   开本:1/16   印张:9.25
字数:180 千字

定价:50.00 元

《大型外浮顶储罐火灾应急技术》
编　委　会

主　　编：李　娜

副 主 编：储胜利　栾国华

成　　员：石明杰　姚剑飞　徐　博　李　娇

　　　　　郭宏地　李　鑫　张　岩　魏祥和

　　　　　史永利　曹　阳

前　　言

外浮顶储罐是石油石化企业广泛使用的油品储罐，也是国内外大型储罐中最常用的一种结构形式。由于储存介质存在易燃、易爆、腐蚀性强等特性，外浮顶储罐火灾成为石油石化企业较为常见的事故之一。近年来，随着外浮顶储罐规模的日趋大型化，石油库的储量逐步提升，发生火灾爆炸事故的风险也呈不断上升趋势，给火灾预防和扑救带来严峻的挑战。单个储罐的泄漏、火灾、爆炸事故，可能造成区域内连锁性灾难后果，不仅对人员、设施安全造成严重威胁，而且可能引发严重的环境污染和社会影响。

基于外浮顶储罐火灾事故的严重后果，企业对外浮顶储罐的安全应急管理及技术措施提出了越来越高的要求。加强对外浮顶储罐的运行管理，完善火灾防控措施，配备合理有效的应急装备，提高对重特大火灾事故预警、防范和应急救援能力，提升企业消防安全管理水平，是企业及消防管理部门不可推卸的责任。

本书针对外浮顶储罐，从储罐发展、储罐结构、储罐火灾风险入手，详细介绍了外浮顶储罐的基础知识，并针对储罐管理从运行、检修、清洗、消防应急设施等方面提出安全、应急管理要点。收集整理国内外典型火灾事故案例，系统研究外浮顶储罐火灾事故模式，并掌握不同事故模式之间的发展演变，用于指导现场应急救援。简单介绍了计算机模拟技术，并以密封圈火灾为例开展火灾模拟，为消防救援提供参考。系统介绍外浮顶储罐的火灾应急现状、风险防范技术、灭火战术及应急指挥决策技术等，为一线火灾应急工作者提供实践指导。

本书的编撰工作得到了中国石油安全环保技术研究院有限公司、中国石油大连石化公司等单位应急人员、专家的大力支持和协助，在此一并致以衷心感谢。

本书提出的理论和方法，可能存在诸多不足，加上编者水平有限，书中难免有疏漏之处，敬请广大读者予以指正。

目　　录

第 1 章 外浮顶储罐介绍

1.1 外浮顶储罐发展简况

石油工业是国民经济重要的支柱产业，为国民经济各部门提供能源和基础原材料及配套产品。近年来，中国国内原油需求量逐年增加。从 2000 年到 2017 年，中国石油消费量递增幅度年均为 7.5%，2017 年中国石油产量为 $1.92×10^8$ t，全年原油消费量为 $6.10×10^8$ t，原油消耗对外依存度达到了 67.4%，中国目前是世界第二大石油进口国。如此高的对外依存度意味着石油储备已成为能源战略安全的重要组成部分，这对我国今后的发展和社会的稳定具有极其重大的意义。

随着国内原油需求量的逐年增加，中国于 2003 年开始石油储备库的投入建设。至 2016 年年中，中国已建成舟山、舟山扩建、镇海、大连、黄岛、独山子、兰州、天津及黄岛国家石油储备洞库共 9 个国家石油储备基地，储备原油 $3325×10^4$ t，但仍未达到国际能源署规定的战略石油储备能力为 90 天的"安全线"。世界上很多原油净进口国，都建立了比较完善的战略石油储备体系，一些发达国家的储备均在"安全线"以上。美国目前的战略储备足以支持 149 天的进口保护，日本的战略储备也接近 150 天，德国的战略储备为 100 天。根据国务院批准的《国家石油储备中长期规划》，2020 年以前，中国将陆续建设国家石油储备第二期、第三期项目，以形成相当于 100 天石油净进口量的储备总规模。

中国的原油储备工程建设正处于高速发展阶段，在此形势下，石油储备库的集约化和存储设施的大型化成为了石油储备工程发展的主要方向。在国外，大型储罐的设计建造已初步成型。委内瑞拉早在 1967 年就建成了 $15×10^4$ m³ 的浮顶储罐，日本于 1971 年也建成了 $16×10^4$ m³ 的浮顶储罐，并且美国、德国等主要发达国家石油战略储备基地中的储罐容量大都在 $10×10^4$ m³ 以上。中国大型储罐的起步较晚。20 世纪 80 年代，中国在秦皇岛、山东等地开始建造容量为 $10×10^4$ m³ 的浮顶储罐。目前，中国已建成的容量不低于 $10×10^4$ m³ 的大型浮顶储罐多达几百座。单就于 2007 年 12 月 19 日通过国家验收的镇海石油储备基地，就建有 52 座容量为 $10×10^4$ m³ 的浮顶储罐，十万立方米及以上外浮顶储罐已成为国内原油储备工程建设的主要项目。

全球经济的迅速发展以及石油化工行业能源储备的战略需求，促使中国的石油储罐单罐容积和数量不断攀升，库区、罐区规模也不断扩大。目前，中国石油储备基地（库）多为单罐容量为 $10 \times 10^4 m^3$ 的外浮顶罐，其中最大浮顶储罐已达 $20 \times 10^4 m^3$，区域总容量已达或超过千万立方米。由于单罐容积和库区规模的不断增大，区域火灾爆炸事故风险亦呈不断上升趋势。近年来灾难性事故多发，给当地消防部门和石化企业单位的火灾预防和扑救带来了新的挑战。

1.2　外浮顶储罐结构

1.2.1　储罐基本结构

外浮顶储罐由漂浮在油品表面上的浮盘和立式圆柱形罐壁所构成。浮盘随罐内油品储量的增加或减少而升降，浮盘外缘与罐壁之间有环形密封装置。为了增加罐壁的刚度，除了在壁板上边缘设包边角钢外，在距离壁板上边缘下约 1m 处还要设置抗风圈。对于大型储罐，其抗风圈下面的罐壁还要设置一圈或数圈加强环，以防抗风圈下面的罐壁失稳。外浮顶储罐外观图如图 1.1 所示。

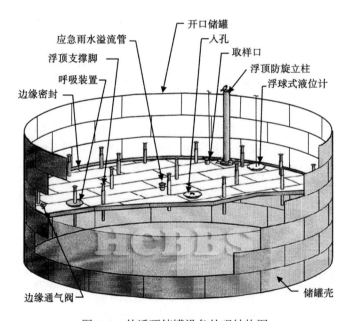

图 1.1　外浮顶储罐设备外观结构图

　　由于浮盘与油面间几乎不存在气体空间，因此外浮顶储罐可以大大减少油品蒸发损耗，还可以提高储油的安全性。但由于储罐浮顶暴露于大气中，储存的油品易被雨、雪、灰尘等污染，因而外浮顶储罐多用于储存原油，用于储存成品油的较少。

外浮顶储罐结构主要由罐底、罐壁、浮盘及附属设施 4 部分组成，外浮顶储罐简图如图 1.2 所示。

（1）罐底。

储罐容积一般都比较大，其底板均采用弓形边缘板。

（2）罐壁。

采用直线式罐壁，对接焊缝宜打磨光滑，保证内表面平整。储罐上部为敞口。为增加壁板刚度，应根据所在地区的风载大小，罐壁顶部需设置抗风圈梁和加强圈。

（3）浮盘。

常用的有单盘式和双盘式和浮子式。

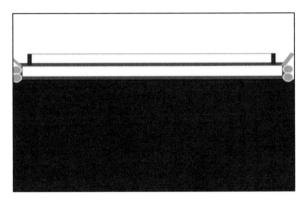

图 1.2　外浮顶储罐简图

1.2.2　浮盘结构

外浮顶储罐浮盘浮在罐内液面上，随储罐内储油量的变化而升降。由于外浮盘顶面直接暴露在大气之中，会遭遇到雨、雪、风、冰等的侵袭，特别是暴雨、大雪、雪后冰冻及台风，都会给外浮盘增加额外的荷载。为了使外浮盘能可靠地密封，防止油品的挥发损耗，储罐浮盘均采用两次密封，通常在浮盘外缘与罐内壁的环形空间加装舌形或囊形的密封装置。常用的外浮盘有单盘式、双盘式和浮子式等。

1.2.2.1　单盘式浮盘

单盘式浮盘是目前最常用的外浮盘，它由单盘盖板、支承骨架及外圈浮舱组成主体，另配有多种附件，常见的有自通通气阀、人孔装置、泡沫挡板、一次密封、浮盘支腿、中央集水坑、中央排水管、紧急排水装置、浮动扶梯、浮动扶梯道轨、量油管（兼导柱功能）、刮蜡装置、罐顶平台及导静电装置等部件，如图 1.3 所示。

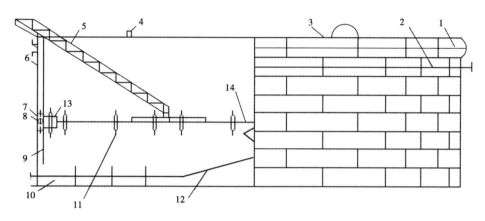

图 1.3　单盘式浮顶罐

1—抗风圈；2—加强圈；3—包边角钢；4—泡沫挡板；5—转动扶梯；6—罐壁；7—管式密封；
8—刮蜡板；9—量油管；10—底板；11—浮立柱；12—排水折管；13—浮舱；14—单盘板

　　单盘式浮盘的周边是环形浮舱，该浮舱被隔板分隔成若干个独立密封的舱室。环形浮舱所围起的圆形平面全部由单层钢板联结为一体。在单层钢板下设有环向和径向的加强槽钢或角钢骨架，一般在其中心部位设有中央集水坑。

　　由于单盘所用的钢板相对较薄，当受到强风袭击或地震作用时，浮盘会产生波动，导致它与相联结的刚性较大部分焊缝开裂。这要求该部分焊缝采用双面焊，大型储罐还需增加环形钢圈补强。单盘式浮盘由于中心板仍为单板，在阳光直射下仍可能导致高挥发性油品沸腾，因此其不适用于轻质油品使用。

1.2.2.2　双盘式浮盘

　　双盘式浮盘由上盘板、下盘板和浮舱外圈侧板所组成，如图1.4所示。在上

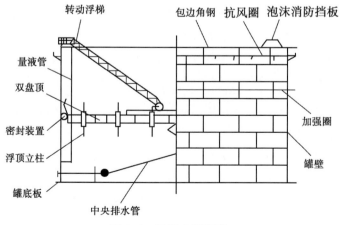

图 1.4　双盘式浮顶罐

下盘板之间设有环形隔板，同时设置径向隔板将环形浮舱分隔成若干个独立的浮舱。即使其中一个舱受到损坏而渗漏，浮盘仍能继续工作。

双盘式浮盘的优点是浮力大，可耐积雪荷载，而且排水效果良好。同时由于双层部分绝热效果好，罐内油料的热损失很少。当油温为60℃时，据实践经验，热损失仅为单盘式浮盘的1/3左右。

双盘式浮盘尤其适合于北方寒冷地区使用，但双盘式外浮盘一般要比同规格的单盘式浮盘重20%左右。由于其成本高，未能普遍使用。

1.2.2.3 浮子式浮盘

浮子式浮盘与单盘式浮盘相似，只是除外圈隔舱外，在圆形单盘面上附设分布有若干个立向的浮筒以增加浮力。浮子式外浮盘示意图如图1.5所示。

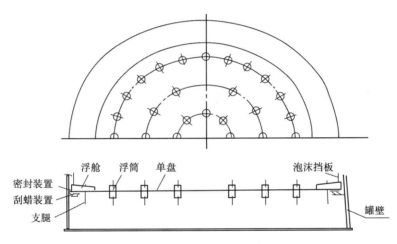

图1.5 浮子式外浮盘示意图

1.2.2.4 浮盘的主要部件

（1）浮盘自动通气阀。

浮盘在距离罐底500mm支撑位置时，为保证浮盘下面进出油品的正常呼吸，防止储罐浮盘下部出现憋压或抽空，在浮盘中部设有自动通气阀。

自动通气阀由阀体、阀盖和阀杆组成。阀体高为370mm，直径为300mm，固定在浮盘板上，内有两层滚轮用来制导阀杆上下滑动。阀盖由定位管销轴与阀杆连接，通过滑轮插盖在阀体上面。阀杆总高一般为1100mm。浮盘在正常升降时，由于阀盖和阀杆的自重，使阀盖紧贴在阀体上面，约有730mm的阀杆悬伸入浮盘下面的油层中。当浮盘下降到距罐底730mm时，阀杆先于浮盘支柱套管接触罐底，并随着浮盘继续下降逐渐把阀盖顶起。当浮盘下降到支柱套管支撑位置时，阀盖已高出阀体口230mm，浮盘上下气压保持平衡。当储罐由于进油或检修进水使得浮盘上浮到距罐底730mm以上高度时，阀体将阀盖和阀杆带起，储罐恢复紧闭密封状态。

（2）量油管与导向装置。

浮顶储罐的量油、取样都在导向管内进行，因此导向管也是量油管。导向管上端接罐顶量油孔，垂直穿过浮盘直达罐底，兼浮盘定位导向作用。为防止浮盘升降过程中摩擦产生火花，在浮盘上安装有导向轮座和铜制导向轮。为防止油品泄漏，导向轮座与浮盘连接处安装有密封填料盒和填料箱。

（3）带芯人孔。

一般类型储罐的人孔与罐壁接合的筒体是穿过罐壁的，这种人孔不利于浮盘升降和密封。带芯人孔是在人孔盖内加设一层与罐壁弧度相等的芯板，并与罐壁齐平。为方便启闭，在孔口接合筒体上还有转轴。

（4）浮盘支柱套管和支柱。

浮顶储罐为了便于对浮盘检修和腾空清洗罐底，浮盘均设有支撑浮盘达到两个高度的套管和支柱。

第一高度是距罐底 900mm 处，也就是浮盘下降的下限高度，支撑这一高度的是支柱套管。浮盘支柱套管穿过浮盘，并以加强圈和筋板与浮盘连接。在浮盘周围堰板处的支柱套管高出浮盘 900mm，其余部位的支柱套管高出浮盘 400mm。支柱套管高出浮盘的一端设有法兰和盲板，平时用密封垫片、螺栓、螺母紧固密封。浮盘以下均为 500mm。

浮盘第二高度为距离罐底板 1800mm。支撑浮盘达到第二高度的是选用外径小于支柱套管内径（间隙应稍大点为宜）的无缝钢管制作的支柱。用于浮盘堰板周围支柱套管的支柱长度为 2700mm，用于其他部位套管的支柱长度为 2200mm。在其端部设有与支柱套管相同的法兰，作为清洗、检修备用支柱。

在储罐清洗、检修时，把浮盘从第一高度抬高到第二高度。抬高时先向罐内注水，使浮盘上升到带芯人孔下缘部位。然后打开人孔进入浮盘上面，取下支柱套管顶端的盲板，将备用的钢管支柱插入套管，并将支柱上的法兰与套管上的法兰用螺栓连接紧固即可。

（5）中央排水管与紧急排水口。

外浮顶储罐的浮盘暴露于大气中，降落在浮盘上的雨雪如不及时排除，就有可能造成浮盘沉没。中央排水管就是为了及时排放积存在浮盘上的雨水而设置的。中央排水管由多段浸于油品中的 DN100 钢管组成，管段与管段之间用活动接头连接，可以随浮顶的高度而伸直和折曲，所以又称排水折管。根据储罐直径的大小，每个罐内设 1~3 根排水折管。

紧急排水口是排水折管的备用安全装置。如果排水折管失灵，或雨水过大，来不及排放，浮盘上的雨水积聚到一定高度时，积水可由紧急排水口流入罐内。利用水和油的密度差，使水沉入罐底，使油液不至于因外浮盘下沉而溢出到盘面上。

（6）转动扶梯。

转动扶梯是为了操作人员从盘梯顶部平台下到浮盘上而设置的。转动扶梯的上端可以绕安装在平台附近的铰链旋转，下端可以通过滚轮沿导轨滑动，以适应浮盘高度的变化。浮盘降到最低位置时，转动扶梯的仰角不得大于 60°。

（7）密封装置。

浮盘外缘环板与罐壁之间有宽为 200~300mm 的间隙（大型罐可达 500mm），其间装有固定在浮盘上的密封装置。密封装置既要紧贴罐壁，以减少油品蒸发损耗，又不能影响浮盘随油面上下移动。因此要求密封装置具有良好的密封性能和耐油性能，且坚固耐用、结构简单、施工和维修方便、成本低廉。密封装置的优劣对浮顶罐工作可靠性和降耗效果有重大影响。

（8）泡沫挡板。

外浮盘在储罐侧壁板与浮舱上部设有一圈泡沫挡板。一旦在环形区域形成了火灾，泡沫挡板就可使泡沫灭火装置所产生的泡沫停滞在环形空间，将油气与空气隔绝，从而达到初期灭火的效果。

（9）刮蜡装置。

当长期储存蜡分过高的油品时，罐壁会因结蜡而影响浮盘的升降。为此在外浮盘外周围的下部安装刮蜡装置，利用浮盘的上下活动，刮掉黏附在罐壁上的凝结蜡层。

1.2.3 密封装置结构

密封装置的形式多样，大体可分为机械密封和弹性密封两类。早期主要使用机械密封，目前多使用弹性填料密封或管式密封，也有采用唇式密封或迷宫密封的。只使用上述任何一种形式的密封成为单密封。为了进一步降低蒸发损耗，有时会在单密封的基础上再加上一套密封装置，这时称原有的密封装置为一次密封，而另加的密封装置为二次密封。

1.2.3.1 机械密封装置

机械密封主要由金属滑板、压紧装置和橡胶织物三部分组成。金属滑板用厚度不小于 1.5mm 的镀锌薄钢板制作，高约 1~1.5m。金属滑板在压紧装置的作用下，紧贴罐壁，随浮盘升降而沿罐壁滑行。金属滑板的下端浸在油品中，上端高于浮盘顶板。在金属滑板上端与浮盘外缘环板上端装有涂过耐油橡胶的纤维织物，使浮盘与金属滑板之间的环形空间与大气隔绝。

根据压紧装置的结构，机械密封又分为重锤式机械密封（图1.6）、弹簧式机械密封（图1.7）、炮架式机械密封（图1.8）三种。机械密封是靠金属板在罐壁上滑行以达到密封和调中的。机械密封的优点是金属板不易磨损；缺点是加工和安装工作量大，使用中容易被腐蚀而失灵。尤其是当罐壁椭圆度较大或由于基础不均匀沉陷而使壁板变形较大时，很容易出现密封不良或卡住现象。因此，机械密封正逐步被其他性能更好的密封装置所取代。

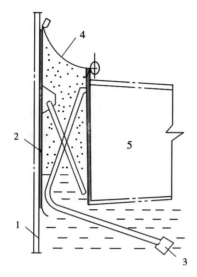

图 1.6　重锤式机械密封装置

1—罐壁；2—金属滑板；3—重锤压紧装置；4—橡胶纤维织物；5—浮盘

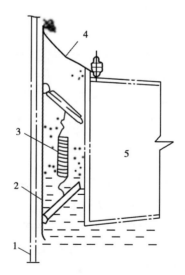

图 1.7　弹簧式机械密封装置

1—罐壁；2—金属滑板；3—弹簧压紧装置；4—橡胶纤维织物；5—浮盘

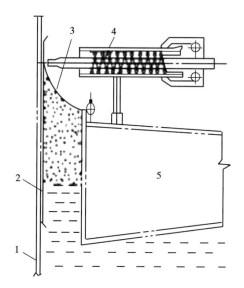

图 1.8　炮架式机械密封装置

1—罐壁；2—金属滑板；3—橡胶纤维织物；4—炮架式压紧装置；5—浮盘

1.2.3.2　弹性密封装置

（1）弹性填料密封装置。

弹性填料密封装置是目前应用最广泛的密封装置，其结构图如图 1.9 所示。它用涂有耐油橡胶的尼龙布袋作为与罐壁接触的滑行部件，其中装有富于弹性的软泡沫塑料块（一般采用聚氨基甲酸酯）。其利用软泡沫塑料块的弹性压紧罐壁，以达到密封要求。这种密封装置具有浮盘运动灵活、严密性好、对罐壁椭圆度及

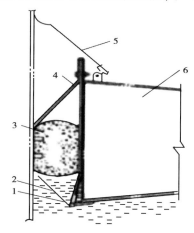

图 1.9　弹性填料密封装置

1—固定环；2—固定带；3—软泡沫塑料；4—密封胶袋；5—防护板；6—浮盘

9

局部凸凹不敏感等优点。弹性填料密封装置的缺点是耐磨性差。因此，安装这类密封装置的储罐内壁多喷涂内涂层，这样既可防腐，又可减少罐壁对密封装置的磨损。此外，在长期使用中，由于被压缩的软泡沫塑料可能产生塑性变形，其密封效果将逐步降低。

（2）管式弹性密封装置。

管式密封由密封管、充液管、吊带、防护板等组成。密封管由两面涂有丁腈-40橡胶的尼龙布制成，管径一般为300mm。密封管内充以柴油或水，依靠柴油或水的侧压力压紧罐壁。密封管用吊带承托，吊带与罐壁接触部分压呈锯齿形，以防毛细管现象，对原储罐还能起刮蜡作用。吊带及密封管浸入油内，油面上无气体空间。由于密封管内的液体可以流动，因而管式密封装置的密封力均匀，不会因为罐壁的局部凸凹而骤增或骤减，其对罐壁椭圆度有较好的适应能力，且密封性能稳定，浮盘运动灵活。管式弹性密封装置如图1.10所示。

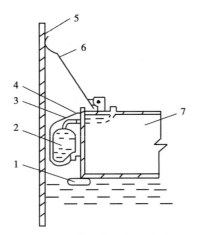

图1.10　管式弹性密封装置

1—限位板；2—密封管；3—充液管；4—吊带；5—罐壁；6—防护板；7—浮盘

（3）迷宫式密封装置。

迷宫式密封橡胶件由丁腈橡胶制造而成，其结构如图1.11所示。它的外侧有6条凸起的褶和罐壁接触，相当于6条密封线。即使少量油气穿过一条褶进入褶和褶间形成的空隙，但仍要经过多次穿行才能逸出罐外，因此该装置被称为迷宫式密封装置，如图1.12所示。浮顶上下运动时，褶可以灵活地改变弯曲方向。在浮顶下降时，可把附着在罐壁上的油拭落，以减少黏附损耗。迷宫密封橡胶件的内侧（靠浮船一侧）在橡胶内装有板簧，它是在橡胶硫化时与橡胶件组合在一起的，依靠板簧的弹力将密封件压在罐壁上。橡胶件的主体内有金属芯骨架，起增强作用。每块密封件两端的下部都有堰，以防止浮盘升降时油品混入密封件。

迷宫式密封装置结构简单、密封性能好，能使浮盘运动平稳。

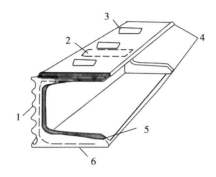

图 1.11　密封橡胶件

1—褶；2—板簧；3—导板；4—搭接部分；
5—堰；6—芯型骨架

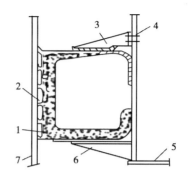

图 1.12　迷宫式密封装置

1—密封橡胶件；2—褶；3—上支架；4—螺栓；
5—浮盘；6—下支架；7—罐壁

（4）唇式密封装置。

唇式密封装置与迷宫式密封装置类似，它的宽度调节范围为 130～390mm。唇式密封装置如图 1.13 所示。

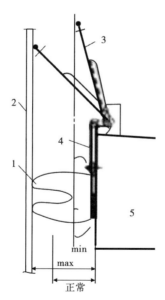

图 1.13　唇式密封装置

1—唇形密封体；2—罐壁；3—防护板；4—芯板；5—浮盘

1.2.3.3　二次密封装置

上述密封装置可以单独使用，也可以同附加密封装置一起使用。两者共同使用时，二次密封可装在机械密封金属滑板上缘，也可装在浮盘外缘环板的上缘，后者主要用于非机械密封。二次密封多依靠弹簧板的反弹力压紧罐壁，利用包覆在弹簧板上的软塑料制品进行密封。增加二次密封可进一步降低油品静止储存损耗，浮盘密封圈结构示意图如图 1.14 所示。

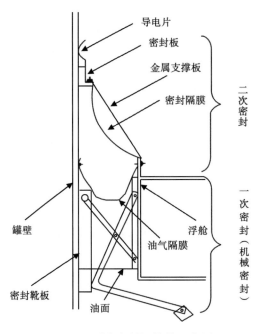

图 1.14　浮盘密封圈结构示意图

1.3　外浮顶储罐火灾风险

大型石油储备库及石油企业罐区中，外浮顶储罐基本用于储存原油。大型浮顶储罐一般采用 $1 \times 10^5 m^3$ 或 $1.5 \times 10^5 m^3$ 容量，其直径分别达到了 80m 和 100m。罐区内储罐分布密集，油品储存量大。一旦发生火灾，后果十分严重，造成的人员伤亡和财产损失也十分巨大。

1.3.1　原油的理化特征

原油是从地下开采出来未经加工的天然石油。它是一种黑褐色或暗绿色黏稠液态或半固态的可燃物质。原油的颜色是由其本身胶质、沥青质的含量决定的。含胶质越高颜色越深，原油的颜色越浅其油质越好。原油是一种成分十分复杂的混合物，其化学成分主要是碳元素和氢元素组成的多种碳氢化合物。原油中碳元素质量分数为 83%~87%，氢元素质量分数为 11%~14%。除碳元素、氢元素外，原油中还含硫、氧、氮、磷、钒等杂质元素。此外，原油从油井采出时会含有少量的盐分，它们多为钠、钙、镁盐类和氯化物等的混合物。通常原油含盐量在

0.02%~0.055%。虽然原油的基本元素类似，但从地下开采的天然原油出自不同产区和不同地层，其外观和物理性质有很大的差别。原油中的芳香烃、硫化合物和氮化合物具有不同程度的刺激性，长时间接触或吸入会刺激呼吸道和呼吸器官，会对人体健康造成一定程度的伤害。

原油的分类有多种方法：按组分分类可分为石蜡基原油、环烷基原油和中间基原油 3 类，按硫含量分类可分为超低硫原油、低硫原油、含硫原油和高硫原油 4 类，按比重分类可分为轻质原油、重质原油两类。原油的相对密度一般在0.75~0.95，少数大于 0.95 或小于 0.75。相对密度在 0.9~1.0 的原油被称为重质原油，小于 0.9 的被称为轻质原油。

黏度是衡量原油品质的指标之一，原油黏度是指原油在流动时所引起的内部摩擦阻力。原油黏度的大小取决于温度、压力、溶解气量及其化学组成。温度增高，黏度降低；压力增高，黏度增大；溶解气量增加，黏度降低；轻质油组分增加，黏度降低。

原油的凝固点在-50℃至35℃，凝固点的高低与其中的组分含量有关：轻质组分含量高，凝固点低；重质组分含量高，尤其是石蜡含量高，凝固点高。

1.3.2　原油的火灾危险性

多数油品具有易燃易爆的特点，原油具有油品的绝大部分特点。其火灾危险性具体来说主要体现在以下几个方面。

（1）易燃性。原油的闪点为-20~30℃。原油中通常含有少量的可燃气体，这些可燃气体的爆炸下限很低，最小点火能量仅几毫焦耳，极易燃。

（2）易爆性。由于原油中通常溶解有少量可燃气体，这些可燃气体挥发后与空气会形成可燃性爆炸混合物。原油的爆炸极限为 1.1%~8.7%。储存原油的大型浮顶原油储罐的一次密封和二次密封之间往往可能处于爆炸极限范围内，遇到雷击等引火源会发生爆炸，从而形成密封圈火灾。

（3）流动扩散性。石油产品在生产、储存、运输、使用等过程中，储罐、换热器、泵、管道等的焊缝、接口、孔、盖、法兰、阀门等处是易发生泄漏的部位。油品一旦发生泄漏会四处漫溢、聚积在低洼处或喷溅流淌。泄漏的油品一旦遇到引火源，会立即燃烧形成地面流淌火。

（4）火焰扩散快。与可燃固体的燃烧相比，油品一旦被引燃，其火焰传播速度很快。一般是油品流动到的位置就会有火焰很快传播到，从而形成大面积的流淌火。

（5）静电荷积聚性。原油的介电常数通常低于 10，电阻率通常大于 $10^6\Omega$·cm。其介电常数低、电阻率高，易产生静电电荷。在原油输送时，由于原油与管壁的摩擦作用会产生静电，且不易消除，当静电积累到一定程度时放电产生电火花，其能量达到原油的最小点火能，并且原油的蒸汽浓度在爆炸极限范围内时，可立即引起爆炸、燃烧。

（6）受热膨胀。原油的体积会随着温度的升高而膨胀，因此油罐内不能装满，要留出一定的空间。一般应保持5%~7%的气体空间，以防止油品受热膨胀溢出。

（7）燃烧速度快、热值大、热辐射强。原油具有很高的热值，1kg原油完全燃烧会产生7000~10500kcal的热量，火焰的中心温度将高达1000~1400℃。一旦原油储罐发生燃烧，在没有冷却的情况下，罐壁温度会迅速升高，导致储罐的承载能力迅速下降。此外，一旦发生全液面火灾，由于燃烧热值高、热辐射强，可能会烘烤邻近罐，从而发生多罐着火事故。

（8）长时间燃烧可能导致沸溢事故。含水原油发生着火后，火焰燃烧的热量除加热油品液面外，还会向液面下层传递，使得下层油品逐渐气化燃烧。上部油品由于轻组分燃烧，造成密度增大，从而自然向罐底沉降，即为热波传播。热波遇到油罐底层的水垫层时，会导致这些水汽化。大量水蒸气穿过油层向油品液面上浮，使得油品体积迅速膨胀，喷出罐外，形成沸溢性火灾。

1.3.3　储罐火灾特点

（1）火灾损失大。油罐内储存了大量的油品，一旦遇到火源，极易发生火灾爆炸事故，不仅会损失大量的油品，还会对油罐周边的建筑、设备、设施等造成严重破坏，甚至会导致人员伤亡。

（2）燃烧速度快，燃烧温度高。油品火灾在燃烧初期时的速度是缓慢的，随着燃烧深度的增高，燃烧速度也逐渐加快，直至达到最大值。此后，燃烧速度在整个燃烧过程中就将稳定下来。油罐发生火灾，温度最高可到1400℃，油罐罐壁温度可达到1000℃。

（3）火焰高。油罐发生火灾时其火焰高度与油罐直径及风力有关。油罐直径D越小，火焰高度相对较高，直径6m以下油罐火焰高度一般为$3D$，6m以上罐径火焰高度一般为$1.5D$。无风情况下，火焰呈锥形，锥形底面积等于罐的横截面积。随着风力增大，火焰高度随之降低，但火焰宽度大幅增加。

（4）热辐射强。油罐燃烧时，受气流影响，辐射线强度呈梨形指向下风方向，在等距离范围内下风方向温度最高，约为上风方向的2~3倍或以上。

（5）沸溢喷溅现象。外浮顶储罐多用于储存原油等重质油品，因而油品的沸溢是不容忽视的风险。重质油品具有较高的沸点和较大的黏度。水沸腾汽化后被油薄膜包围形成油泡沫，大量油泡沫从罐内沸溢而出，范围是罐径的十倍以上，面积可达几千平方米，会形成大面积燃烧，造成事故扩大，同时给现场抢险人员带来极大的风险。

（6）连锁性、大面积燃烧。油罐布局集中，管道纵横贯通，工艺流程中的各个设备互相串通，一旦发生火灾爆炸，极易迅速波及相邻设备而导致连锁式爆炸。原油储罐溢流或喷发出来的带火油品易形成大面积燃烧，将周围的可燃物引燃，并直接威胁人员、车辆及设施的安全。

（7）具有复燃性。油罐灭火后，若遇到火源或高温很可能会再次点燃油品而重新燃烧，甚至可能发生爆炸。对于灭火后的油罐、管道，由于其壁温过高，如不继续冷却，可能会重新引燃油品。

第 2 章 外浮顶储罐安全应急管理

在原油储存及油罐运行过程中，保证原油储罐安全是直观重要的，需从运行、检修、清洗、消防保护等多角度加强对原油储罐的安全管理，从而避免安全事故。

2.1 储罐运行安全管理

大型外浮顶储罐运行时的安全管理包括防静电、防雷电、抗震、不失稳运行等，其目的是保证油罐的正常运行，在遇到突发事件或不可抗拒因素影响时将损失降低到可接受水平。

2.1.1 防静电

2.1.1.1 静电灾害产生的条件
静电造成的事故约占火灾爆炸事故的 10%。在石油化工生产过程中和油料装卸作业时，物料沿管路流动时摩擦起电，使罐壁和物料分别积聚极性相反的电荷。其电位可以达到很高的量值，易在金属物体的不良导电部位放电引发电火花，导致燃烧和爆炸。

静电产生的条件：积聚所形成的静电场具有足够大的电场强度或电位差；放电发生在可燃性混合介质中；可燃性混合物在爆炸极限内。

2.1.1.2 静电的放电能量
带电体之间放电取决于电荷积累量和介质耐压能力，同时还和可燃气浓度有关。一定量比例的可燃气体混合物引燃时所需的最低能量称为最小放电能量。按电学公式计算：

$$W = CU^2/2$$

$$Q = CU$$

式中 W——两带电体的放电能量，J；

Q——两带电体的带电量，C；

C——带电体间的电容，F；

U——带电体间的电位差，V。

静电打火有三种形式，即电晕放电、刷形放电和火花放电。电晕放电能量很小，一般为 0.003~0.012mJ；刷形放电不稳定，能量偏小，放电时间长；火花放电能量大，容易超过最小放电能量。如在罐顶，脱掉易产生静电的服装时，人与罐顶电容为 1×10^{-10}F，脱衣摩擦静电约 3000V，则放电能量为 0.45mJ，超过最小放电能量。因此，油品作业人员在罐顶脱衣是危险动作，严格禁止。

2.1.1.3　影响静电量大小的因素

（1）与油品的介电常数和电导率有关。当介电常数为 2.5~3，电导率为 $10^{-10}~10^{-15}\Omega\cdot cm$ 时，该油品属于危险的带电油品；当电导率超过 $10^{-8}\Omega\cdot cm$ 时，油品能顺利地将电荷传给管壁并引入大地，不致发生危险。

（2）与油品在管路内的流态有关。从层流过渡到湍流时，带电量增加。

（3）与罐壁的粗糙度有关。粗糙的管内表面，会使油品带电量增加。

（4）与油品的流动速度有关。油品的流动速度越大，产生的静电量越大。

（5）与大气的相对湿度有关。相对湿度越大，产生的静电量越小。

（6）与油品的纯度有关。杂质含量越高，流动时会显著地增加静电量。

2.1.1.4　防静电措施

（1）可靠接地。油罐接地考虑防静电和防雷击，接地电阻保证不大于 100Ω；浮顶储罐设浮顶静电导出线，通常是铜质，单根导线截面积应不小于 25mm²。

（2）油面与大气隔离。设氮封、浮顶结构，防止爆炸性气体混合物存于罐内。

（3）改进生产工艺。从油罐下部进料，控制流速不超过 4.5m/s，保证层流，避免湍流，防止飞溅；使用抗静电添加剂。

（4）使用与本体电导率不同的配件，如检尺孔盖加铅垫，浮顶导向轮用铜材制作，浮顶采用铝材等。

（5）清除罐内不接地的金属悬浮物。

（6）正确操作，穿防静电服，不在作业口脱衣服，不在规定的防爆场所使用非防爆的移动通信工具。

2.1.1.5　管理要点

（1）每年检测一次油罐静电接地电阻。接地线与接地网之间宜用跨接式连接，以保证检测数值的准确性。

（2）日常巡检时检查接地是否有腐蚀断裂现象，包括油罐本体接地和管路接地。

（3）控制进料速度。异常情况如输油量突然增大时，可分向几台油罐同时进料，降低进油速度。

（4）定期更新浮顶油罐的浮顶静电导出铜线，日常检查有断裂的要及时更换。

（5）严格着装，进出油罐操作区应穿戴劳保服饰，禁止使用手机、对讲机等移动通信工具。

2.1.2 防雷电

雷电的破坏性很大，不仅能伤人毙物，还能引起油罐的火灾和爆炸事故。科学地设计防雷措施和精心管理可以避免雷击造成的灾害。

2.1.2.1 雷电的成因

当天空中部分带正负电荷的浓云接近到一定距离时会产生弧光放电，并伴有剧烈的轰鸣响声，这种现象称为雷电现象。

云由地面水蒸气受热上升形成，在高空遇到低温高速气流吹袭，形成带电云团。这些带不同极性电荷聚集的云团叫雷云。雷云是雷电产生的基本条件。随着雷云电荷聚集，电位升高，当电场强度达到 $10^6 V/m$ 以上时，雷云间气体被击穿发生火花放电，即闪电。在闪电区内，温度达到 20000℃，空气急剧膨胀发生爆炸轰鸣声，这就是闪电雷鸣。

2.1.2.2 雷电的种类

（1）线状雷电。最常见的直接雷，雷云和大地之间放电呈枝杈型电弧。大部分直接雷会重复放电，平均每次雷电有 3~4 次雷击，最多时出现几十次雷击。

（2）片状雷电。发生在雷云之间，雷电的电弧呈片状，对人类影响不大。

（3）球状雷电。一种特殊的雷电现象。发光球体呈紫色或红色，直径从几毫米到几十米不等，可存在 3~5s，沿地面滚动或飘行，还会通过缝隙进入室内。

2.1.2.3 雷电的危害

雷电在空中放电一般不会造成危害，雷云对大地放电有可能危害建筑物和人畜，还会引起火灾爆炸事故。雷电的危害性在于雷击的破坏作用。雷击是通过电、热、机械等效应产生破坏作用的。

（1）电效应破坏。雷云对大地放电时电流变化很大，可达到几万甚至几十万安培，并产生数十万的冲击电压，足以烧毁电力系统的电机、变压器等设备，且绝缘被击穿，电线烧断，电气短路。

雷电还会引起静电感应和电磁感应危害。静电感应是指雷云贴近地面时导体感应出静电荷。当雷云放电后导体感应电荷积聚在金属表面，产生高达上万伏特的感应静电压，并发生火花放电，遇到可燃气体立即燃烧爆炸。如浮顶油罐的浮顶有感应电荷对罐壁放电，可能引起浮顶罐雷击着火，因此油罐的良好接地是必要的。电磁感应也会产生火花，点燃油气形成火灾。

（2）热效应破坏。大电流通过导体变热能。雷击点的发热能量约为 500~2000J，可以融化 50~200mm³ 的钢。当雷击冲入油罐时会立即引起火灾爆炸事故。

（3）机械效应破坏。雷击时气体剧烈膨胀，使得物体间隙胀大，建筑物被雷击气浪损坏，油罐变形。

2.1.2.4　油罐的防雷击措施

防雷击方法是把雷电流或雷感应电流导入大地。常用措施是安装防雷装置。

一套防雷装置由接闪器、引下线、接地装置三部分组成：

（1）接闪器有针状、线状、网状及带状，就是通常所说的避雷针（避雷线、避雷网、避雷器），其作用是接收雷电。

（2）引下线是引导雷电的导体，有足够面积让电流通过，不能产生火花。

（3）接地装置是埋设在地下的接地体和接地线的总称，用来向大地泄放雷击电流，并限制防雷装置对地电压不致过高。接地体是直接埋入大地的导体，电阻要小，以保证雷击电流顺利流入大地。油罐的接地装置除防雷击以外还可以防止静电积聚。因油罐基础与底板做过防渗处理，绝缘程度高，所以每个油罐都要做专用接地连接。

2.1.2.5　管理要点

（1）每年雷雨季节前检测油罐接地电阻。若有缺陷，要在雷雨季前予以修复。

（2）检查罐壁接地端子与接地支线连接螺栓有无松脱现象，连接表面是否锈蚀，如有应及时擦拭紧固。

（3）雷雨季节前，检查无接闪器的油罐罐顶附件与罐顶本体金属导电连接是否完好。尤其是呼吸阀与阻火器、阻火器与连接短管之间的螺栓螺帽，应无缺件、锈蚀和松脱影响雷电通路的现象。

（4）检查浮顶储罐浮顶静电导出装置的连接铜线，应无断裂和缠绕。

2.1.3　抗震

地震是一种地质灾害，是人类无法控制的自然现象。目前，人类对地震还不能做到准确地预警。但是，人类在研究地震灾害时找到了建筑物、储罐、装置设备抗震的方法，并形成设计规范。

2.1.3.1　对储罐的破坏

（1）浮顶沉没。浮顶罐内液体的剧烈振荡，可能造成浮顶下沉。

（2）焊缝开裂。在地震载荷、罐内液体静压和基础不均匀沉降等因素共同作用下，罐底大角缝可能破裂。

（3）罐壁下部失稳。壁板下部出现"象腿弯"变形。

（4）浮顶撞坏罐壁上部。这是由于浮顶随罐内液体过度摇晃，使浮顶导向管失效，失掉控制的浮顶碰撞罐壁而造成的。这种碰撞会产生火花而引起火灾。

2.1.3.2　抗震设防具体措施

（1）适当增加罐底边缘板厚度；

（2）适当增加底圈壁板厚度；

（3）适当加大油罐的径高比；

（4）有条件的油罐增设锚固螺栓；

（5）在罐壁下部圈板增设钢板箍等加强圈；

（6）采用钢筋混凝土环墙式基础；

2.1.3.3 管理要点

（1）每年进行一次基础沉降观测，及时处理不均匀沉降；

（2）罐体与进出口管线采用挠性连接；

（3）设计源头考虑周全，施工、验收严格按规范执行。

2.1.4 硫化铁自燃

据统计，在常减压、催化、重整、气分、硫黄回收、油品储罐等装置都发生过腐蚀产物中的易燃物自燃，其中以硫化铁自燃最为典型。

硫化铁本身不是易燃物，在常温下与空气发生氧化反应，该反应是放热反应。如果反应环境中没有可燃烃类，则有可能出现烟雾状的物质；如果有可燃烃类物质，就有可能发生燃烧和爆炸。

$$FeS_2+O_2 \rightarrow FeS+SO_2+Q$$
$$FeS+O_2 \rightarrow FeO+SO_2+Q$$
$$FeO+O_2 \rightarrow Fe_2O_3+Q$$
$$Fe_2S_3+O_2 \rightarrow Fe_2O_3+S+Q$$

石油储罐发生硫化铁自燃引起的油罐火灾爆炸事故，多发生于石脑油储罐和轻污油储罐。为了防止硫化铁自燃，应做到以下几点。

（1）罐体内部作防腐处理。阻止油品中的活性硫与罐体发生反应，避免硫化铁的生成。

（2）油罐尽量不在低液位运行。硫化铁的积聚物密度比较大，一般沉在油罐底部。只要液位覆盖沉积物与空气隔离，没有氧气，缺少燃烧条件，就能避免自燃。

（3）储罐设氮封设施，降低内部氧含量。

（4）使用化学清洗剂等，消除罐底积聚的硫化铁。

2.2 储罐检修安全管理

储罐检修主要包括基础处理、用火改造、防腐保温工程等，在安全管理上各有侧重点。本节重点介绍防腐蚀工程的安全管理和安装改造用火的安全管理。

2.2.1　防腐

防腐蚀工程有内防腐和外防腐之分。相较而言，内防腐工程比外防腐工程更复杂，在安全管理上难度更大。

2.2.1.1　内防腐施工作业工序

内防腐施工作业程序大同小异，大致可分为以下几个工序：

（1）施工前准备，包括机具到位，高空作业脚手架安装。

（2）按照施工方案的要求对防腐部位进行表面处理，使之达到规定的要求，目前最常用的方法是喷砂除锈。喷砂除锈以压缩空气为动力，高速磨料直达罐体，可以除去金属表面的锈迹，并形成一定的粗糙度，为后续涂装工序准备。

（3）涂装前罐体灰尘的清理。灰尘用压缩空气或毛刷清理，要求严格的也有用吸尘器处理的，最后用丙酮擦洗金属表面。

（4）按施工方案涂装防腐层。

2.2.1.2　影响内防腐施工安全的因素

内防腐施工一般是在罐区内进行的。影响内防腐施工安全的不利因素有很多，对照作业程序，可归纳为以下 5 类。

（1）施工所在区域储存的易燃易爆油品多，施工会受到其他储罐正常生产的影响。

（2）罐内作业属于容器内高空作业，易发生人身伤亡事故和油罐损坏的设备事故。

（3）防腐涂料大多属于易燃品，部分还有一定毒性，易发生人身中毒和火灾爆炸事故。

（4）罐内作业环境差，是矽肺等职业病的直接诱发因素。

（5）施工人员对罐区作业环境不熟悉，安全意识不强，片面追求效益和工期，容易忽视安全、环境和健康问题。

2.2.1.3　内防腐施工安全防护的主要任务

储罐内防腐施工安全防护主要包括人、设备、施工机具三个方面的内容。安全防护的主要任务是避免火灾爆炸事故和人身中毒、窒息、坠落等伤亡事故的发生，改善作业条件，降低职业病的发生率，保护被防腐设备和施工机具的安全，提升企业经济效益。

2.2.1.4　内防腐施工的安全防护措施

储罐内防腐施工的安全防护可以概括为防火防爆、防毒、防坠落、防尘、防噪声等。

（1）防火防爆。

大多数涂料组成中含有易燃易爆物质，在涂装过程中随时都存在着火和爆炸的可能。但要发生着火爆炸必须同时具备三个条件：一是涂料中所用溶剂或稀释剂为易燃易爆液体，在涂装过程中存在有毒蒸汽；二是上述物质与空气混合，其浓度在爆炸极限之内；三是存在足以点燃爆炸性混合物的火花、电弧或过热源。据此，在具体操作上，防火防爆技术措施如下。

①用沙袋封闭相邻储罐和作业罐附近的下水井和含油污水井排出口，与易燃易爆大环境隔离，同时所有工艺管线加盲板与储罐隔离。

②电器设备选用隔爆型，要有牢固可靠的接地设施，必须使用三相插座；照明设施采用12V安全电压，罐内不设各类电气开关。

③罐内禁止吸烟和携带火种；禁止使用压缩空气喷涂，可采用手工刷漆或滚涂工艺，防止产生静电。

④罐体罐顶设不少于两套通风换气设施，以及时排出罐内的有机蒸汽和沙尘。

⑤施工中随时监测罐内有机物蒸汽浓度，并根据涂装材料，严格控制表2.1中所列物质数值。

表2.1　常用有机溶剂的闪点和爆炸极限浓度

有机物名称	闪点，℃	爆炸极限，%（V/V）
甲苯	30	1～7
二甲苯	29	1～7.6
乙醇	32	2.6～19
丙酮	−20	2～13
异丙醇	12	2～12
丁醇	34	1.7～8
丙醇	23.5	2.6～9.2
200#溶剂油	38	1～6

（2）防中毒。

涂料中的一些有机物组分对人体中枢神经系统、呼吸系统等有严重刺激和破坏作用，易引起作业人员头疼、恶心、胸闷等症状，长期接触会引起食欲不振和造血器官损伤而引发慢性中毒。尤其是热喷涂作业，雾化后的锌粉和铝粉甚至会导致施工人员的急性中毒。因此，防中毒是内防腐安全防护的一项重要内容。

①做好各种劳动卫生防护用品的投入，给施工人员配备好防毒面具和其他防护用品。

②定时检测作业环境有机物浓度，严格控制表2.2中所列物质浓度值。

表 2.2　防腐施工中常用材料在空气中最高允许浓度

组分名称	允许浓度，mg/m³	组分名称	允许浓度，mg/m³
苯、甲醇	50	溶剂油、石脑油	100
二甲苯、甲苯	100	铝	4
丙酮	400	酚类	5
200#溶剂油	38		1~6

③作业人员定时换班。特别是当有毒物浓度超标时，减少每班作业时间，增加换人频率，做到质量、卫生、工期三不误。

④保持通风换气设施连续运转，尽量降低罐内灰尘和有机物蒸汽浓度。

⑤禁止作业人员用手和身体其他部位去直接接触防腐涂料，皮肤粘上的油漆用肥皂、去污粉洗涤。

（3）防坠落。

油罐内防腐作业的过程就是高空作业的过程。高空作业有特殊要求，稍有疏忽，就会造成人员伤亡事故。

①推行作业前医务检查制度，详细检查作业人员身体状况。有高血压、低血压、弱视、听觉不灵或其他不适合高空作业者，禁止参加高空作业。

②罐内脚手架按安全规范搭接完毕，由相关单位安全管理人员按有关部门规范组织联合检查，确认牢固可靠后，准予开工。

③作业人员要严格遵守高空作业安全规定，系好安全带和安全帽，人员行走时抓紧扶手，防止踏空坠落。

④钢制浮顶储罐下部要有足够的支撑，防止浮顶塌陷造成人员伤亡和设备损坏。

（4）防尘。

喷砂预处理时，由石英砂产生的 SiO_2 粉尘会危害人体呼吸系统，长期如此易导致矽肺。由于作业环境的密闭性，必须戴好防护面罩，才能降低尘土吸入量。同时，喷砂作业人员轮换频率控制在 1 次/h。

（5）防噪声和防辐射。

由于高速物流的喷射作用，整个防腐作业中的表面处理就是在噪声中进行的。热喷涂的噪声就更大，同时还有热辐射和紫外线辐射。内防腐作业中的噪声级范围见表 2.3。

表 2.3　内防腐作业中的噪声级范围

工序	喷砂	抽风	电弧喷涂	火焰喷涂
噪声级范围，dB	80~90	<90	110~120	150

高噪声和极高的噪声，会影响人的神经、听力、情绪和反应灵敏性，还易使人疲劳。噪声的频率、强度和作用时间，对人体健康有着不同的影响。长时间暴露于高频噪声下，危害甚大。在具体的操作防护措施中，操作人员应尽量采取隔音操作，重点是戴好防护耳罩；热喷涂操作人员还要佩戴合适的护目镜，防止紫外线辐射。

2.2.2 安装施工

无论技术改造还是各类维修，都离不开用火作业。用火作业就是用电焊、气焊、氩弧焊等焊接技术把钢结构连接起来的过程。储罐的用火作业有其特殊性，特殊在油罐内部承装易燃、可燃液体，有潜在的火灾爆炸危险。在对油罐进行用火作业时，必须采取以下的防范措施。

（1）清洗油罐，确认罐内无残油。清洗完毕后，检查钢制浮顶的浮舱，对有泄漏的浮舱要进行蒸煮或拆除修复处理。

（2）油罐上所有管线加盲板与罐体隔离，包括工艺管线、蒸汽线、吹扫线、自动脱水线、N_2 线、液下消防线等。

（3）检查浮顶密封装置。浮顶密封装置内有弹性物质等填料，外包耐油橡胶。耐油橡胶破损时，弹性密封中的弹性物质会吸收大量的易燃油品。如不处理，用火作业时会发生爆炸或燃烧。

（4）用火分析数据齐全，包括 O_2 含量、爆炸气浓度、有毒有害气体浓度。O_2 含量不低于 19.5%，爆炸气不高于该油品爆炸下限的 25%，有毒有害气体浓度在允许范围内。

（5）爆炸气分析数据虽在安全范围内，但检测数据较高时，为保证用火的安全，可在罐内做明火试验。

（6）用火现场设专人监护，监护人员需懂得用火作业现场生产状况。根据现场实际情况，监护现场配灭火器、蒸汽皮带、铁锹、砂土、毛毡、水带等防火器材，必要时可由消防车协助监护。

（7）施工车辆进入罐区须在排气筒上安装阻火器。

2.3 储罐清洗安全管理

储罐清洗有人工清洗和机械清洗两种方法。安全管理的目标是避免火灾爆炸、人员窒息和急性职业病的发生。

2.3.1 人工清洗

2.3.1.1 清洗步骤

（1）倒空罐底油。倒残油可用手摇泵或气动隔膜泵，必要时垫水辅助。对本身有排污孔的储罐，可在此处接临时倒油管线，一次可以倒净残油。

（2）加堵盲板。

（3）拆开人孔，用蒸汽蒸罐。通过罐壁法兰开口向罐内通入蒸汽，使罐内温度达到 60～70℃。一般情况下，容量低于 3000m³ 的储罐，蒸罐 15h；高于 3000m³ 的储罐，蒸罐 24h。

（4）通风。自然通风或强制通风均可。

（5）进入储罐内部清理残油和污物。

2.3.1.2　安全管理要点

（1）盲板不可漏加。特别是有氮封设施和加热设施的储罐，不仅要在介质管线上加隔离盲板，还要在氮封设施和蒸汽线上加堵盲板。

（2）蒸汽蒸罐时，控制供汽量。局部过高的温升会使罐内附件如密封装置老化，罐壁温度计超过量程遭到破坏。

（3）通风置换时，注意检查罐内情况，防止硫化铁自燃。

（4）进入罐内前，做 O_2 含量、爆炸气浓度和有毒有害气体浓度分析，确保各种指标在安全范围内。

（5）确保清洗工具和照明设施安全防爆。清理污物时，应采用木制品或铜制品等专用工具。

（6）严禁穿化纤服装进入罐内作业，不得使用移动通信工具。

2.3.2　机械清洗

2.3.2.1　COW 油罐清洗

COW 油罐清洗使用临时敷设的管道。将 COW 装置与清洗罐及供给清洁油的油罐连接在一起，用设置在清洗油罐上的清洗机，喷射清洗油来溶解油渣。用抽取系统抽取溶解的淤渣，过滤后再将其送回清洁油罐中。清洗完成后，根据需要用温水进行循环清洗。通过这种清洗，油罐内油分基本被除掉，从而使打开检修孔后的最终清扫容易进行。

2.3.2.2　氮气注入

注氮是油罐清洗的安全措施，主要是置换罐内气相空间，使氧含量达到 8% 以下。罐内不能形成爆炸气体，保证高压喷头喷射时的安全。在清洗过程中，注氮不停，浓度即时检测显示在控制面板上。

（1）对罐顶上的管密封部、通风口、罐顶支柱等有可能漏气的部位进行密封。

（2）浮顶支柱刚刚接触罐底后，氮气的注入量以移送量加 100m³/h 为基准进行注入，以确保罐内的正常压力。

（3）在将罐内氧气浓度保持在 8% 以下时，将罐内压力保持在 0～10mmHg 柱。

（4）油罐内氧气浓度随外部环境变化（温度、下雨、大风等）而变化，故平时需注意气象。

2.3.2.3　残油移送

（1）移送油时，要定期巡视，检查有无漏油的地方。

（2）在泵投入运行时，需确认电流、压力、吸油槽液面高度是否正常，并记录。

（3）确定罐顶的可燃气浓度在安全范围内。

2.3.2.4　温水清洗

由于清洗水温度高，管道会因温度的升高而膨胀，需检查挠性软管、耐油软管等有无变形、法兰盘有无漏油。

2.3.2.5　检修孔的打开与换气

（1）打开检修孔时，需使用防爆工具，佩戴空气呼吸装置进行作业。

（2）先打开罐顶检修孔，再打开罐壁人孔；打开侧壁检修孔时，需先从下侧通风。

（3）在罐顶上下阶梯口处，张贴"禁止入内"的标志。

2.3.2.6　罐内清扫

（1）未经确认罐内部状况而最先进入油罐者，在进入油罐时，必须佩带供氧呼吸装置。

（2）测量油罐内的氧气、可燃气体及硫化氢浓度，达到安全范围才可作业。

2.4　储罐消防应急设施

大型储罐火灾一旦失控，会造成巨大的破坏力，导致财产损失和人员伤亡。储罐的消防应急设施是防止火势扩大的保护措施，也是储罐区防火防爆的关键。

2.4.1　防火堤与污染防控系统

防火堤在罐区防火安全设计中起着至关重要的作用。设置防火堤的根本目的就是临时存放堤内储罐事故状态下泄漏的油品，防止油品自由流淌给周边生产装置或设施造成事故隐患。

设计防火堤的基本要求有两条：

（1）防火堤有效容积能容纳事故泄漏液体，同时需考虑到事故状态下事故救援产生的消防污水量，以及事故状态下可能存在的降雨余量；

（2）防火堤的设计强度应能承受堤内泄漏液体的静压力、地震引起的破坏力，以及大型储罐破裂时液体倾泻对防火堤产生的巨大冲击力。

2.4.1.1　防火堤容积

国内相关标准如《储罐区防火堤设计规范》（GB 50351）、《石油库设计规范》（GB 50074）、《石油化工企业设计防火规范》（GB 50160）均规定防火堤内的有效容积不应小于罐组内 1 个最大储罐的容积。国外相关标准，如 APISTD 2610—2005 规定防火堤容积应为防火堤内最大储罐容积，并考虑消防水和降雨余量；API 12R1—1997 规定防火堤容积至少为最大储罐容积加上雨水余量（取值为罐体积 10%）；加拿大标准 CSA Z662—2012 规定防火堤体积不应小于该区域内最大储罐体积的 110%；日本规定防火堤有效容积为堤内最大储罐容积的 110%。

国内相关规范中虽未提及消防水和降雨余量，但在实际中，纵观近年来国内大型火灾事故中消防救援产生的消防水量越来越大，储罐一旦发生大型泄漏火灾事故，防火堤将很有可能无法容纳事故液体而溢出防火堤。针对大型浮顶油罐组，防火堤的有效容积按照堤内最大储罐容积的 110% 设置；同时在罐区外设事故存液池，或在防火堤外设置一条溢流沟。

2.4.1.2　防火堤高度

《石油化工企业设计防火规范》（GB 50160）、《建筑设计防火规范》（GB 50016）均规定立式可燃液体储罐组防火堤的设计高度应比计算高度高出 0.2m，且应为 1.0～2.2m。《储罐区防火堤设计规范》（GB 50351）和《石油库设计规范》（GB 50074）规定立式储罐组防火堤高度应为 1.0～3.2m。

防火堤的高度设置主要考虑两个因素：一是防火堤的容积，二是消防人员操作的便利性。防火堤过低则必须增加防火堤面积以保证防火堤容积，从而增加土地成本。为保证消防人员能迅速跨越防火堤进行消防作业以及堤内操作人员能迅速跨越防火堤逃生，防火堤高度不宜太高。针对大型浮顶油罐组，当防火堤计算高度大于 2.2m 时，建议采用下沉式罐区，并将罐区周边消防道路路面抬高。这样既增加了有效容积，也利于消防救援及火灾扑救。

2.4.1.3　防火堤距储罐的距离

《石油化工企业设计防火规范》（GB 50160）规定立式储罐至防火堤内堤脚线的距离不应小于罐壁高度的一半，卧式储罐至防火堤内堤脚线的距离不应小于 3m。《储罐区防火堤设计规范》（GB 50351）在上述要求的基础增加了一条：建在山边的油罐，靠山的一面，罐壁至挖坡坡脚线距离不应小于 3m。

对防火堤与储罐之间距离作出最小限制的目的就是保证储罐破损时，罐内液体不会喷洒到防火堤外。当储罐罐壁某处破裂或穿孔时，其最大喷洒水平距离等于罐壁高度的一半，所以应留出罐壁高度一半的空地。即使储罐破损，罐内液体也不会喷洒到防火堤外。

2.4.1.4　防火堤选型

NFPA 30、GB 50351、GB 50183 和 GB 50074 均规定储罐防火堤材质依次优先选用土堤、钢筋混凝土或砌体结构，不宜采用浆砌毛石防火堤。美国和俄罗斯储罐普遍采用梯形结构的土筑防火堤。其密封性强、抗燃烧性能好；缺点是占地多，2m 高土堤的基底宽度达 6～7m。中国则受到土地使用面积等限制，储罐防火堤普遍采用钢筋混凝土结构或砖砌结构，内侧喷涂防火涂料。

2.4.1.5　防渗设计

《储罐区防火堤设计规范》（GB 50351）规定当油罐泄漏物有可能污染地下水或附近环境时，堤内地面应采取防渗漏措施。主要的防渗措施有以下几种：

（1）黏土防渗层。场地有符合要求的黏土时，采用黏土防渗层，防渗层顶面宜采用混凝土地面或设置厚度不小于 200mm 的砂石层。

（2）混凝土防渗层，直接采用抗渗钢纤维混凝土、抗渗合成纤维混凝土、抗渗钢筋混凝土和抗渗素混凝土。

（3）高密度聚乙烯（HDPE）膜防渗层。在砂石垫层下铺 HDPE 膜，膜上下设置保护层，保护层可采用长丝无纺土工布或厚度不小于 100mm 的不含尖锐颗粒的砂层，HDPE 防渗膜厚度不小于 1.5mm。

2.4.1.6　污染防控系统

储油罐发生泄漏事故时，防火堤作为第一级防控将泄漏油品和消防水等事故液控制在堤内，是控制事故扩大的最直接有效手段。防火堤应防火、密闭，管道穿越防火堤处应采用不燃烧材料严密填实。防火堤外设切换阀门，正常情况下阀门应关闭，将事故液控制在防火堤内。

当产生的事故液量超过防火堤容积时，应启用第二级防控系统，将防火堤外含油污水外排管道阀门打开，将事故液通过含油污水管道排至事故缓冲池。事故缓冲池的容积应大于罐组一个最大储罐储液量和事故时可能进入的事故液之和。

第三级防控系统主要是指库区围墙和末端事故缓冲设施。对于环境敏感的油库，应依托周边事故缓冲设施。在极端事故下，当防火堤和库区事故缓冲池不足以容纳事故液时，将事故液排至末端事故缓冲设施，避免对周边水域、土壤带来生态破坏。

2.4.2　泡沫灭火系统

泡沫灭火系统是扑救油类火灾的主要灭火系统，在石油石化企业应用广泛。泡沫灭火系统由水源、水泵、泡沫液储罐、泡沫比例混合器、管路和泡沫产生装置等组成。灭火系统按泡沫发泡倍数分为低倍数、中倍数和高倍数泡沫灭火系统：发泡倍数在 20 倍以下的称低倍数泡沫；发泡倍数在 21 至 200 倍称中倍数泡沫；发泡倍数在 201 至 1000 倍称高倍数泡沫。石油天然气生产企业采用低倍数泡沫灭火系统较多，普遍用于油库、石油炼制及石油化工企业等。

2.4.2.1　适用范围及场所

低倍数泡沫灭火系统适用于开采，提炼加工，储存运输，装卸和使用甲、乙、丙类液体的场所，如油田（海上、地面）、炼油厂、化工厂、油库（地面库、半地下库、洞库）、长输管线始末站、铁路槽车、加油站、码头等场所。

低倍数泡沫灭火系统不适用于船舶、海上石油平台以及储存液化气的场所。如液化石油气，其在常温常压情况下属于气体状态，只有加压以后才成为液体状态。

2.4.2.2　泡沫液的选择

选择何种性质的泡沫液首先要看保护对象是水溶性液体还是非水溶性液体。水溶性液体指与水混合后可溶于水的液体，化工产品如甲醇、丙酮、乙醚等。非水溶性液体指与水混合后不溶于水的液体，石油产品如汽油、煤油、柴油等。

扑救水溶性液体火灾必须选用抗溶性泡沫液，采用液上喷射方式，避免液下喷射。同时采用软施放，不能将泡沫直接冲击或搅动燃烧的液面，以防泡沫遭到破坏，影响灭火效果。

扑救非水溶性液体火灾时，若选用液上喷射方式，则泡沫液通常选用普通的蛋白泡沫液、氟蛋白泡沫液或水成膜泡沫液；若选用液下喷射方式，则泡沫液必须选用氟蛋白泡沫液或水成膜泡沫液。

2.4.2.3　系统类型的选择

系统类型的选择，一般应根据保护对象的规模、火灾危险性大小、总体布置、扑救难易度，以及消防站的设置情况等因素综合考虑确定。

固定式泡沫灭火系统是由固定消防泵站、泡沫比例混合器、泡沫液储存设备、泡沫产生装置和固定管道及系统组件组成的灭火系统，一旦保护对象着火，能自动或手动供给泡沫及时扑救火灾。适合选用固定式泡沫灭火系统的场所包括：

（1）总储量不低于 $10000m^3$ 独立的非水溶性甲、乙、丙类液体储罐；

（2）总储量不低于 $500m^3$ 独立的水溶性甲、乙、丙类液体储罐；

（3）移动消防设施不能进行有效保护的可燃液体储罐。

半固定式泡沫灭火系统，是由固定泡沫产生装置和水源、泡沫消防车或机动消防泵临时用水带连接组成的灭火系统；或是固定的泡沫消防泵、相应的管道和移动的泡沫产生装置用水带临时连接组成的灭火系统。适合选用半固定式泡沫灭火系统的场所包括：

（1）机动消防设施较强的企业附属甲、乙、丙类液体储罐区；

（2）石油化工生产装置区火灾危险性大的场所。

移动式泡沫灭火系统，是由消防车或机动消防泵、泡沫比例混合器、移动式泡沫产生装置（泡沫炮、泡沫枪）用水带临时连接组成的灭火系统。适合选用移动式泡沫灭火系统的场所包括：

（1）总储量小于 $500m^3$ 的地上非水溶性甲、乙、丙类液体立式储罐；

（2）总储量小于200m³的地上水溶性甲、乙、丙类液体立式储罐；

（3）卧式储罐；

（4）甲、乙、丙类液体装卸区易泄漏的场所。

高倍数、中倍数泡沫灭火系统主要用于扑救：汽油、煤油、柴油、工业苯等 B 类火灾；木材、纸张、橡胶、纺织品等 A 类火灾；封闭的带电设备场所的火灾；控制液化石油气、液化天然气的流淌火灾。不适用于扑救：硝化纤维、炸药等在无空气的环境中仍能迅速氧化的化学物质与强氧化剂；钾、钠、镁、钛和五氧化二磷等活泼性金属和化学物质；未封闭的带电设备。

2.4.3　消防给水系统

消防给水系统是指向各种水灭火系统和泡沫灭火系统提供水源的消防设施系统。为了保证在火灾时能够可靠地供应消防用水，根据现行国家标准《建筑设计防火规范》（GB50016—2014）和《石油化工企业设计防火规范》（GB50160—2008）的有关要求，石油化工企业在进行规划和建筑设计时，必须同时设计消防给水系统。

2.4.3.1　消防给水系统的类型

按照其用途、水压要求、管网形式等可分为以下 9 种类型。

（1）生产、生活、消防合用给水系统。该系统可节省投资，且系统利用率高。一般城镇采用这种消防供水形式。

（2）生产、消防合用给水系统。该系统主要适用于企事业单位。设置要求要保证生产用水达到最大时，仍能保证消防水量，以确保消防用水时不会导致生产事故。

（3）生活、消防合用给水系统。该系统主要适用于居住及商业物业小区。系统中的水经常处于流动状态，消防供水安全性较高。

（4）独立消防给水系统。该系统主要用于生产易燃、可燃液体污染性的工厂或可燃气储罐区的工业区，一般建成临时高压给水系统。

（5）高压消防给水系统。该系统管网内经常保持足够的水量和水压，火场上不需加压，直接在消火栓上接上水带、水枪实施灭火。

（6）低压消防给水系统。该系统管网压力较低（通过消防车或其他移动式加压设备加压），只负责消防给水，以满足灭火时水枪产生充实水柱的要求来达到灭火的目的。生产、生活、消防合用给水系统一般采用这种消防给水系统形式。

（7）临时高压消防给水系统。该系统管网内平时压力较低。发生火灾时，及时开启消防泵，使系统成为高压消防给水系统，因此要满足高压消防给水系统的要求。一般工厂或储罐区内多采用这种系统形式，而较少采用高压消防给水系统。

（8）环状管网消防给水系统。该系统管网在平面布置上，干线各管段彼此首尾相连形成若干闭合式的给水系统，管段上任一点的消防用水可由管段的两侧共计，因此供水安全。

（9）枝状管网消防给水系统。该系统管网在平面布置上，干线成树枝状，分枝后干线彼此无联系，管网内的水流从水源地向用户单一方向流动。一旦某管段需要检修或遭到破坏时，其管段中的下游就会蓄积污水，因此供水安全性较差。

2.4.3.2　消防给水系统的组成

（1）消防水源。消防水源是指储存消防用水的供水设施。消防水源应能提供足够的灭火和冷却用水，并有可靠的保证措施。油罐消防冷却水供水范围和供水强度见表 2.4。根据供给方式，当消防水源采取直接供给时，给水管网的进水管不应少于两条；当由消防水池供给时，工厂给水管网的进水管，应能满足消防水池的补充水和 100%的生产、生活用水的总量要求。

消防水源应能满足以下要求：水量应能确保枯水时期最低水位的消防用水量，必须保证常年有足够的水量；消防用水应无腐蚀、无污染和不含悬浮杂质，以便保证设备和管道畅通及不被腐蚀和污染；必须使消防车易于靠近水源，必要时可修建码头或回形车场等保障设施；寒冷地区应采取可靠的防冻措施，使冰冻期内的水仍能保证消防用水。

（2）消防水泵。大多数消防水源的消防给水，需通过消防水泵加压来满足灭火时对水压和水量的要求。

（3）消防给水管道。消防给水管道是指由消防水源向消火栓、消防车等消防设施输送灭火用水和冷却用水的管道。根据管道的敷设位置，分为室外消防管道和室内消防管道。

室外消防给水管道是指室外消防水源连接室外消火栓或室内消防泵的用于供给消防用水的室外部分的给水管道。该管道采用环状管网，输水管道一般不少于两条，最小直径一般不小于 100mm，用阀门分成若干独立段。

室内消防管道是指室内消火栓或消防水喉连接室外消火栓或消防泵的用于供给室内消防用水的给水管道。

表 2.4　油罐消防冷却水供水范围和供水强度

油罐及油罐型式		供水范围	供给强度 L/(min·m²)	备注
着火罐	固定顶罐	罐壁表面积	2.5	
	浮顶罐或内浮顶罐	罐壁表面积	2.0	浮盘为浅盘式或浮舱用易熔材料制作的内浮顶罐按固定顶罐计算
	相邻罐	罐壁表面积的 1/2	2.5	按实际冷却面积计算，但不得小于罐壁表面积的 1/2

（4）消火栓。消火栓是供灭火设备从消防管网取水的基本保证设施，又称消防水龙（含室内和室外两种）。

对于室外消火栓，工艺装置和罐区一般选用 DN150 的消火栓；采用固定式灭火时，消火栓旁应设水带箱，根据被保护物的消防用水量和每个消火栓的流量确定消火栓的数量；设有固定泡沫灭火设备和固定喷淋冷却用水设备的油罐区一般要设一定数量的消火栓。

对于室内消火栓，根据建筑物火灾危险性、操作条件、物料性质、建筑物耐火等级及高度等情况综合考虑室内消火栓的设置。

（5）消防竖管。消防竖管是指贯穿于楼层或工艺装置设备构架台的用于消火栓或水喷淋给水的竖向管道。消防竖管一般供专职消防人员使用，由消防车供水或供泡沫混合液，具有设置简单、便于使用、可加快控火及灭火速度的特点。易燃气体、液体储罐容积大于 400m^3 时，消防竖管一般大于两条，并均匀布置。消防竖管的直径取决于给水高度和供给水量。

2.4.4 移动消防装备

大型油品罐区火灾的扑救是以移动消防装备为主导的，最主要的就是消防车。

消防车是装备各种消防器材、消防器具的各类消防车辆的总称，是目前消防队伍与火灾作斗争的主要工具，是最基本的移动式消防装备。消防车按使用目的可分为灭火类消防车、专勤消防车、后援消防车、举高类消防车、机场消防车；按结构特征可分为罐类消防车、举高类消防车、特种消防车。

2.4.4.1 罐类消防车

罐类消防车是消防部队灭火战斗使用的主力消防车，这种车的结构特征是都有用于盛放灭火剂的罐。主要的罐类消防车有水罐消防车、泡沫消防车、A 泡沫消防车、干粉消防车、干粉泡沫联用消防车和涡喷消防车。

（1）水罐消防车。

水罐消防车是有装水的容罐，由发动机驱动消防泵，通过消防枪、消防炮向火场喷射水的消防车辆。目前，我国水罐消防车载水量为 0.5~21t，消防泵的流量为 20~100L/s。采用的有低压消防泵、中压消防泵、中低压消防泵、高低压消防泵和超高压消防泵。水罐消防车由底盘、乘员室、容罐、泵及管路、功率输出及传动装置、附加电器、消防器材及固定装置等组成。其中泵房、容罐、器材箱的安装目前以独立结构为主。水罐消防车示意图如图 2.1 所示。

（2）泡沫消防车。

泡沫消防车载有水和泡沫原液，通过车载空气泡沫水组合炮或两用炮喷射水或泡沫，是扑救 B 类火灾的主要装备。目前，我国泡沫消防车的载灭火剂量

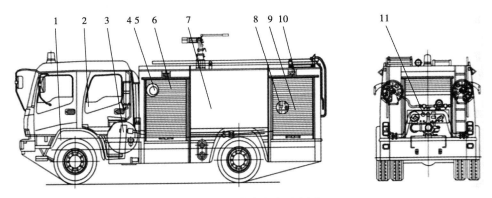

图 2.1　水罐消防车示意图

1—底盘改制总成；2—成员室；3—取力传动装置；4—器材布置总成；5—器材固定装置总成；
6—器材箱；7—容罐装置总成；8—水泵管路总成；9—泵房；10—附加电器；11—仪表管路

为 2~21t，消防泵的流量为 20~100L/S。采用的有低压消防泵、中压消防泵、中低压消防泵、高低压消防泵和超高压消防泵。泡沫消防车由底盘、乘员室、容罐、泵及管路、功率输出及传动装置、附加电器、消防器材及固定装置、泡沫混合装置、空气泡沫水两用炮等主要部分组成。泡沫消防车示意图如图 2.2 所示。

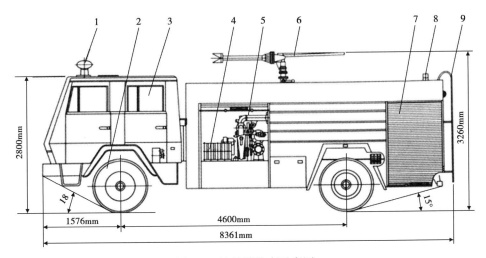

图 2.2　泡沫消防车示意图

1—警灯警报器；2—底盘；3—乘员室；4—水带架；5—车辆泵浦系统；
6—空气泡沫水两用炮；7—后部器材箱；8—尾部警灯；9—梯子

（3）A 类泡沫消防车。

A 类泡沫消防车是指使用压缩空气 A 类泡沫系统（CAFS）的消防车。A 类泡沫消防车一方面具备常规水罐消防车的功能特点，另一方面由于装有压缩空气泡沫系统（CAFS），还具备灭火效率高、用水量少、泡沫灭火渗透力强、复燃性小等特点。由于灭火效率高，所以 A 类泡沫消防车大多是小型和中型消防车。A 类泡沫消防车主要由底盘、乘员室、容罐、泵及管路、功率输出及传动装置、附加电器、消防器材及固定装置、压缩空气泡沫系统（CAFS）、操控系统等组成，压缩空气 A 类泡沫消防车示意图如图 2.3 所示。

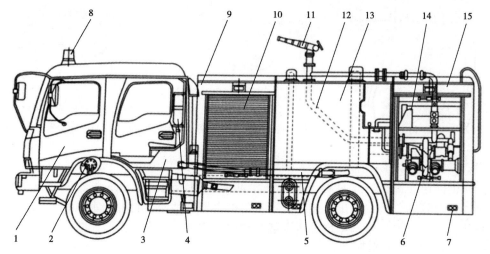

图 2.3　压缩空气 A 类泡沫消防车示意图

1—汽车底盘；2—冷却器；3—取力器；4—座椅及空呼器架；5—传动轴；6—消防泵；
7—照明和信号装置；8—警灯警报器；9—前车厢；10—消防器材；11—消防炮；
12—管路系统；13—液罐总成；14—自动压缩空气泡沫系统；15—后车厢

（4）干粉消防车。

干粉消防车采用氮气等气体作为驱动气体，将干粉罐内储存的下粉通过干粉炮或干粉枪喷射，主要用以扑救易燃液体（油类、液态烃、醇、酯、醚等）、可燃气体（液化石油气、天然气、煤气等）和一般电器火灾。目前国内干粉消防车载粉量为 0.5~6t，干粉罐的充气时间为 30~45s，有效喷射率为 20~40kg/s。干粉消防车由底盘、乘员室、干粉系统等部分组成。干粉系统由干粉罐、干粉管路、干粉炮、出粉管路系统、动力氮气瓶组、供气及减压管路、吹扫管路、放气管路等装置构成。干粉式消防车示意图如图 2.4 所示。

（5）干粉泡沫联用消防车。

干粉泡沫联用消防车是一种同时装载水、泡沫灭火装置和干粉灭火装置的复合灭火消防车，具有水、泡沫和干粉三种独立作战能力。其主要功能是依靠泡沫和干粉两种手段的联合应用，以扑救易燃液体和气体火灾。干粉泡沫联用消防车的结构是将泡沫灭火装置和干粉灭火装置同时装于一车。整车由底盘、乘员室、

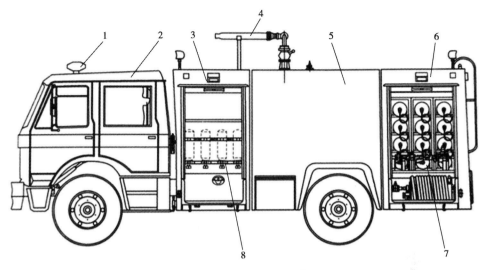

图 2.4　干粉式消防车示意图
1—附件电气；2—乘员室；3—前器材箱；4—干粉炮；5—干粉罐；
6—后器材箱；7—干粉氮气装置；8—器材布置

容罐、泵及管路、附加电器、消防器材及固定装置、泡沫混合装置、空气泡沫水两用炮、干粉系统等组成。

2.4.4.2　举高类消防车

我国举高类消防车的生产较晚，但发展迅速。目前，国内云梯消防车、登高平台消防车和举高喷射消防车三大品种已形成系列产品，技术含量已向机电一体化发展。控制系统引进国外的液压和电气控制元件，有的开始采用计算机 PLC技术进行控制，缩短了与国外同类产品的差距。

（1）云梯消防车。

云梯消防车一般采用直臂结构，其特点是重量较轻。在采用相同汽车底盘时，它可以达到较高的工作高度。云梯消防车主要用于救人，也可用于灭火，具有到达目标直接、运动速度较快的特点。云梯消防车的工作高度有 20m、25m、30m、32m 和 40m。30m 云梯消防车示意图如图 2.5 所示。

（2）登高平台消防车。

登高平台消防车一般采用曲臂结构，也有直臂伸缩结构，以及两者结合的形式。其特点是机动灵活、工作平稳、工作跨度大、范围广。工作斗面积大，便于在高处灭火、破拆与救生。该车主要用于大、中城市及厂矿企业高层建筑的灭火及人员、物资的抢救。此外，在工作斗上安装缓降器或救生滑道，可以迅速救出大量被困人员。登高平台消防车的工作高度有 20m、22m、24m、32m、40m、50m 和 68m，国外可达到 102m。

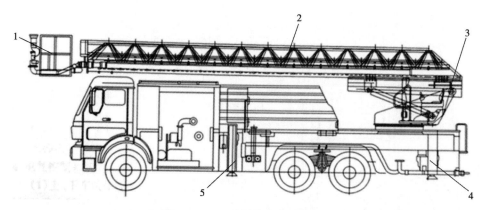

图 2.5 30m 云梯消防车示意图

1—载人平台；2—梯架总成；3—回转机构及变幅机构；4—后支腿；5—前支腿

（3）举高喷射消防车。

举高喷射消防车采用曲臂结构，顶端装有消防炮。臂架的运动、消防炮的摆动及喷射由转台或地面控制。该车适用于扑救油罐区、石油化工、钢铁企业、港口及大型仓库等处的工业火灾，也适用于扑救高层建筑火灾。举高喷射消防车的工作高度有 16m、22m、25m、30m 和 40m。举高喷射消防车示意图如图 2.6所示。

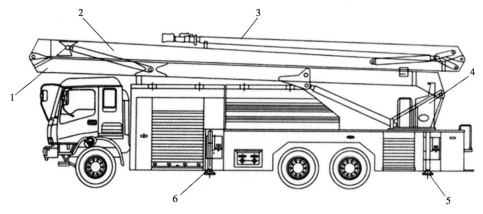

图 2.6 举高喷射消防车示意图

1—下臂；2—中臂；3—上臂；4—回转机构及变幅机构；5—后支腿；6—前支腿

近年来，这三种车有互相渗透的趋势。如云梯车的最后一节臂采用了曲臂结构，而且也可挂上工作斗。登高平台车在臂架的侧面装上爬梯，高喷车挂工作斗等。

2.4.4.3　特种消防车

特种消防车是指装备有特定用途的消防装备并具有特定的使用功能、有较强的针对性的消防车。适合于石油石化行业的典型特种消防车主要有供气消防车、抢险救援消防车、排烟消防车等。

供气消防车主要用于给空气呼吸器气瓶及气动工具供气，还可装上发电照明设施以拓展用途。抢险救援消防车主要是为火灾现场和各种事故现场提供各种抢险救援器材和物资的特种消防车，适用于石油石化专勤抢险救援。排烟消防车是以排烟、通风为主要目的的消防车，简称排烟车。排烟车根据不同排烟量的大小，采用不同型号的底盘和排烟机。目前国内排烟车的排风量为 30000 ~ 240000m³/h。消防通信指挥车是用于火场通信联络和指挥的专用消防车辆。消防通信指挥车根据使用对象和规模不同，有大、中、小三种型号。

第3章 外浮顶储罐火灾事故统计与火灾模式

3.1 外浮顶储罐火灾案例收集与分析

3.1.1 外浮顶储罐火灾案例收集

外浮顶储罐是石化企业广泛使用的油品储罐，也是国内外大型储罐中最常用的一种结构形式。由于储存介质存在易燃、腐蚀性强等特性，外浮顶储罐火灾成为石化企业较为常见的事故之一。随着石油储罐规模日趋大型化，外浮顶储罐火灾事故屡有发生。且一旦外浮顶储罐发生全面积火灾，扑救难度大，持续时间长，进而造成恶性事故，给扑救带来极大的困难。掌握此类火灾扑救技术，对有效保障企业安全生产十分必要。外浮顶储罐实物图如图 3.1 所示。

图 3.1　外浮顶储罐

本书收集了国内外近 20 年来发生的一些比较典型的外浮顶储罐火灾事故案例，并对其进行简单分析，具体见表 3.1。

表 3.1　国内外外浮顶储罐火灾事故统计

序号	事故名称	事故时间	事故简况	着火部位	发生阶段	燃烧模式	初始状态火灾模式	中间发展火灾模式	极端火灾模式	灭火方式	事故直接原因	伤亡情况
1	茂名石化北山罐区火灾事故	1995	1995 年 8 月 3 日 10 时 15 分左右，茂名石化炼油厂北山罐区上空突然一声雷响并伴随闪电，125 号原油罐着火，油罐附近作业人员发现起火后迅速报警。由于扑救及时，大火很快被扑灭，只有密封圈的两处被烧毁（约占总长的 1/5）	密封圈	正常运行	先爆炸后燃烧	密封圈局部火灾			移动灭火	雷击起火	
2	上海炼油厂油罐火灾	1999	1999 年 8 月 27 日凌晨，上海炼油厂一座 $2\times10^4\mathrm{m}^3$ 的外浮顶原油储罐由于遭受雷击引发了火灾。经过消防员约半个小时的奋战，成功扑灭	密封圈	正常运行	先爆炸后燃烧	密封圈局部火灾			移动灭火+登顶灭火	雷击起火	
3	茂名石化公司北山岭原油罐区火灾事故	2001	2001 年 9 月 6 日，茂名石化公司北山岭原油罐区共有 12 台 $5\times10^4\mathrm{m}^3$ 的原油罐，总容量为 $60\times10^4\mathrm{m}^3$。9 月 6 日上午 8:30，因 12#油罐的 2#阀门阀板脱落，港口公司机动科安排茂名市众和恒泰公司建安公司承担更换阀门任务。拆卸前，已先后三次开污油泵倒管线内原油，但管内仍存有部分原油，并且有原油流淌在地面。14:03，众和恒泰公司的 5 名施工人员（均为临时工）在拆卸旧阀施工过程中引燃阀室地面上原油，造成阀室一层管线区域火灾。14:05，北山岭原油罐区消防中队到达着火现场进行灭火	油罐内	检修	先爆炸后燃烧	油罐外部火灾			移动灭火	摩擦打火引燃油蒸汽	

序号	事故名称	事故时间	事故简况	着火部位	发生阶段	燃烧模式	初始状态火灾模式	中间发展火灾模式	极端火灾模式	灭火方式	事故直接原因	伤亡情况
4	兰州石化油品车间原油罐区火灾	2002	2002年10月26日22时15分，兰州石化总公司供销公司油品车间员工在组织清理油罐罐底污油时，在危险区域使用非防爆电器，引发严重爆炸和火灾。经消防官兵近48小时的努力，火灾被扑灭。该事故造成1人死亡、1人重伤，直接财产损失达80余万元	油罐内	检修	先爆炸后燃烧，灭火后发生复燃	油罐外部爆炸	油罐外部流淌火	油罐爆炸，油罐外部形成流淌火	固定灭火+移动灭火	油气危险环境使用非防爆插座，电火花引燃罐内油蒸汽	1死1伤
5	独山子石化原油储罐火灾爆炸事故	2006	2006年10月28日，安徽省防腐工程公司27名施工人员在新疆独山子石化分公司原油储罐浮顶隔舱内进行刷漆作业，其中施工队长、小队长及配料工各1人，其他24人被平均分为4个作业组。防腐所使用的防锈漆为环氧云铁中间漆，稀料主要成分为苯、甲苯。当日19时16分，在作业接近结束时，隔舱突然发生爆炸，造成13人死亡，6人轻伤，损毁储罐浮顶面积达850m²	浮盘隔舱	在建	爆炸不燃烧	浮盘隔舱内爆炸			移动灭火	电气火花引爆了达到爆炸极限的可燃气体	13死6伤
6	中国石化仪征输油站原油罐着火事故	2006	2006年8月7日中午12时18分，中石化仪征输油站16号1.5×10⁵m³原油储罐遭雷击着火，起火点达5处之多。经企业消防站和仪征、扬州两地消防部门快速反应、及时处理，在火灾初期状态成功地将大火扑灭	密封圈	正常运行	先爆炸后燃烧	密封圈局部火灾			固定灭火+移动灭火+登顶灭火	雷击起火	

续表

序号	事故名称	事故时间	事故简况	着火部位	发生阶段	燃烧模式	初始状态火灾模式	中间发展火灾模式	极端火灾模式	灭火方式	事故直接原因	伤亡情况
7	中国石化白沙湾输油站储油罐火灾事故	2007	2007 年 7 月 7 日 15 时 20 分，中石化白沙湾输油站 3 号储油罐遭雷击起火。经白沙湾站职工和消防队员的全力扑救，事故发生 14 分钟后，大火被扑灭	密封圈	正常运行	先爆炸后燃烧	密封圈线状表面火灾			固定灭火+移动灭火+登顶灭火	雷击起火	
8	中国石油辽阳石化公司爆燃事故	2010	2010 年 6 月 29 日 16 时左右，辽阳电线化工厂在中石油辽阳石化公司炼油厂原油输转车间 7# 罐内进行清罐作业时，发生可燃气体闪爆事故，造成 5 人死亡，5 人受伤	罐内	检修	闪爆不燃烧	罐内闪爆				非防爆的普通照明灯引燃爆炸性混合气体	5死5伤
9	宁波镇海国家石油储备库油罐着火事故	2010	2010 年 3 月 5 日，宁波镇海国家石油储备库 1 座 10^5m^3 的原油储罐遭雷击起火，由于固定消防设施启动及时，火灾得到有效控制，未造成重大损失。	密封处	正常运行	先爆炸后燃烧	密封圈局部火灾			固定灭火系统+登顶灭火	雷击引起油罐浮船与罐壁内油气爆炸	
10	新疆王家沟石油储备库火灾	2010	2010 年 4 月 19 日，乌鲁木齐市头屯河区王家沟石油储备库一座 $3×10^4m^3$ 的原油储罐起火，经消防人员及时扑救，未造成人员伤亡	罐体内部拱顶处	正常运行	稳定燃烧	罐体内部拱顶处火灾			移动灭火		

续表

序号	事故名称	事故时间	事故简况	着火部位	发生阶段	燃烧模式	初始状态火灾模式	中间发展火灾模式	极端火灾模式	灭火方式	事故直接原因	伤亡情况
11	大连中国石油输油管道爆炸火灾事故	2010	2010年7月15日15时30分，新加坡太平洋石油公司所属3×10⁵t"宇宙宝石"油轮开始向大连中石油国际储运有限公司原油罐区卸送最终属于中油燃料油股份有限公司的原油。15时45分，油轮启动卸油工作，至16日13时停泵。7月15日20时左右，上海祥诚商品检验技术服务有限公司大连分公司和天津辉盛达石化技术有限公司开始通过原油罐区一条DN900输油管道上排空阀向输油管道中注入脱硫剂。16日0时许和9时许，加注系统由于软管鼓泡、"HD剂"漏出、管道压力偏高、电动机和齿轮箱发热等原因，致使加剂作业分别停止半小时和4小时。16日13时油轮停止卸油作业，关闭船岸间阀门，使得阀门至304罐间的2号输油管（DN900）形成充满原油、相对静止的密闭空间。添加"HD剂"的现场作业人员在知晓油轮停泵的情况下，仍继续向2号管线加注"HD剂"20t直至18时，脱硫剂总加入量为90t。脱硫剂加完后，作业人员取用消防泵房的自来水600kg对防爆螺杆泵和管路进行清洗。18时02分左右，2号管线靠近脱硫剂注入部位的立管处发生爆炸。爆炸导致原油泄漏、蔓延，形成地面流淌火，引燃附近的103号罐，造成储罐和周边泵房及港口主要输油管道严重损坏	罐区原油管道	正常运行	先爆炸后燃烧	外管爆炸形成地面流淌火		地面流淌火	移动灭火	管线加入不合格的脱硫剂	1死

序号	事故名称	事故时间	事故简况	着火部位	发生阶段	燃烧模式	初始状态火灾模式	中间发展火灾模式	极端火灾模式	灭火方式	事故直接原因	伤亡情况
12	大连中国石油油罐拆除作业引发火灾	2010	2010 年 10 月 24 日 16 时 10 分左右，大连中石油国际储运有限公司施工人员对位于大连新港原油储备基地的 103 号罐体进行拆除作业时，不慎引燃罐体内残留的原油，发生燃烧造成火灾	油罐内	拆除作业	稳定燃烧	罐内残油火灾			移动灭火	切割产生的火花引燃罐体内残留的原油	
13	中国石油大连新港油罐雷击着火	2011	2011 年 11 月 22 日 18 时 30 分，大连新港两个 10 万 m³ 储油罐发生火情，事故地点与 2010 年 7 月 16 日大连新港火灾起火罐体属同一区域。起火点是位于大连港油品码头海滨北罐区的 T031、T032 号原油罐，起火原因是雷击造成密封圈着火。经过紧急扑救，火灾迅速得到控制，无人员伤亡	密封圈	正常运行	先爆炸后燃烧	密封圈火灾			固定灭火+登顶灭火	雷击着火	
14	英国南威尔士米尔福德港油罐火灾	1983	1983 年 8 月 30 日，英国南威尔士米尔福德港炼油厂一座容量为 $9.5×10^4m^3$ 的油罐发生火灾，当时罐内储存有 55348m³ 的原油。大火燃烧了约 60 个小时后才被扑灭，这是英国自第二次世界大战以来最大的单个油罐着火事故	浮盘	正常运行	稳定燃烧的全液面火灾	罐顶泄漏火灾	全表面火灾	沸溢火灾	移动灭火	炼油厂火炬带火星的焦炭颗粒飘落至罐顶，引燃了密封圈与罐壁附近的油气	6 伤

续表

序号	事故名称	事故时间	事故简况	着火部位	发生阶段	燃烧模式	初始状态火灾模式	中间发展火灾模式	极端火灾模式	灭火方式	事故直接原因	伤亡情况
15	美国加利福尼亚州沙尔梅特油罐火灾	1983	1983年8月31日，美国加利福尼亚州沙尔梅特发生了油罐火灾事故。发生火灾的储罐为外浮顶罐，储存的是汽油，储量为18900m³	密封圈	正常运行	稳定燃烧			防火堤火灾	移动灭火		
16	夏威夷某海军基地燃料油库火灾	1985	1985年10月23日，美国夏威夷某海军燃料油库发生火灾。起火储罐为外浮顶罐，直径36.6m，储存燃料为航空煤油，储量为8580m³。事故发生的直接原因是连续暴雨和罐顶排水系统故障，导致油罐浮顶沉没。消防人员在利用泡沫覆盖进行紧急处理的过程中产生了静电，引发火灾	油罐内部	正常运行	稳定燃烧	罐内液面火灾	全液面火灾	全液面火灾	固定灭火+移动灭火	连续暴雨和罐顶排水系统故障，导致油罐浮顶沉没。泡沫覆盖时产生静电，引发火灾	
17	新加坡梅里茂岛炼油厂储罐区火灾	1988	1988年10月25日，位于新加坡梅里茂岛的一家炼油厂发生火灾，3座直径为41m、高为20m、总储量约为3.5×10⁴m³的石脑油储罐先后起火，事故造成的直接经济损失约660万美元，间接损失达1880万美元	油罐内部	正常运行	稳定燃烧	1号罐内全液面火灾	引燃临罐2号罐，造成2号罐全液面火灾；之后泄漏形成池火灾	引燃3号罐，形成全液面火灾，多罐着火	固定灭火+移动灭火+登顶灭火	静电火花引发火灾	

续表

序号	事故名称	事故时间	事故简况	着火部位	发生阶段	燃烧模式	初始状态火灾模式	中间发展火灾模式	极端火灾模式	灭火方式	事故直接原因	伤亡情况
18	芬兰鲍尔加市炼油厂油罐火灾	1989	1989 年 3 月 22 日晚，芬兰鲍尔加市炼油厂罐区管理人员在异己烷储罐浮盘上发现有异己烷泄漏，为防止事故发生，管理人员利用泡沫对浮盘进行了覆盖，并对导致异己烷泄漏的受损排水系统进行了修理，试图将泄漏出的异己烷重新泵入储罐中。尽管如此，上述操作仍未能成功阻止储物的泄漏。23 日上午，浮盘上仍然有较多的异己烷残留，且泡沫未能将泄漏的异己烷全部覆盖。23 日 12 时 26 分，由于喷洒泡沫时产生了静电火花，导致泡沫没有覆盖的一个小区域异己烷起火	浮盘	正常运行	稳定燃烧	浮盘局部火灾		全液面火灾	固定灭火+移动灭火	静电火花引发火灾	
19	得克萨斯州阿莫科炼油厂储罐火灾	1996	1996 年 6 月 4 日，美国得克萨斯州阿莫科炼油厂一储罐由于遭受雷击，引发了火灾。事故发生时，罐内储有 $1×10^4 m^3$ 的甲基叔丁基醚（MTBE）。火灾导致浮盘发生了沉没。由于位于浮顶的排水口也随之沉到液面以下，致使罐内部分 MTBE 经由排水口进入储罐周围的防火堤区域内，进而在防火堤内形成池火	密封圈	正常运行	先爆炸后燃烧	密封圈局部火灾		防火堤内池火灾	固定灭火+移动灭火	雷击着火	

续表

序号	事故名称	事故时间	事故简况	着火部位	发生阶段	燃烧模式	初始状态火灾模式	中间发展火灾模式	极端火灾模式	灭火方式	事故直接原因	伤亡情况
20	安大略省太阳石油公司炼油厂油罐火灾	1996	1996年7月19日,加拿大安大略省太阳石油公司炼油厂的一座外浮顶储罐遭受雷击引发剧烈爆炸和火灾。起火储罐内储存了11400m³的废油（挥发分与汽油类似）。爆炸导致浮盘破裂,其中一半被炸飞至罐外,另一半沉没,致使罐内形成全液面火	油罐内	正常运行	先爆炸后燃烧	全液面火灾			移动灭火	雷击着火	
21	路易斯安娜州诺科市奥赖恩炼油厂火灾	2001	2011年6月7日,位于美国路易斯安那州诺科市的奥赖恩炼油厂发生油罐火灾事故。起火储罐为外浮顶罐,直径为82.4m,高为9.8m,最大容量为51675m³,事故发生时罐内储有47700m³汽油。雷击是火灾发生的直接原因,着火前浮盘发生部分沉没	油罐内	正常运行	先爆炸后燃烧	罐内火灾		全液面火灾	移动灭火	雷击着火	
22	委内瑞拉炼油厂火灾	2012	2012年8月,委内瑞拉国内规模最大的阿穆艾炼油厂发生爆炸。25日,炼油厂石油罐区的丙烷蒸汽爆炸,造成两座储罐起火。次日凌晨,大火蔓延至第3座石油储罐	油罐外	正常运行	先爆炸后燃烧	油罐外部爆炸	全液面火灾	全液面火灾,3座石油储罐着火	移动灭火	丙烷和丁烷泄漏形成可燃蒸汽云团	39死33伤

3.1.2　案例统计分析

3.1.2.1　起火原因分析

石油储罐发生火灾事故原因多种多样。储罐发生火灾的主要原因可以概括为以下几种类型：违章操作、雷击、静电火花等。具体见表3.2和如图3.2所示。

表 **3.2**　外浮顶储罐火灾原因统计表

火灾原因	火灾起数	比例
雷击	9	40.9%
违章操作	4	18.2%
静电火花	3	13.6%
添加剂不合格	2	9.1%
其 他	4	18.2%

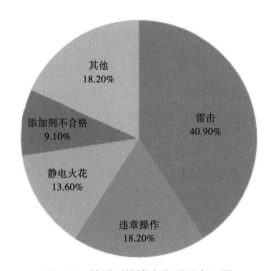

图 3.2　外浮顶储罐火灾原因占比图

（1）雷击。

从数据统计来看，外浮顶储罐由雷击引发油罐火灾的比例最高，约占
40.9%。发生雷击起火必须要有可燃油气混合物和火花的同时存在。

雷击按破坏形式主要分为直击雷、感应雷、闪电电涌侵入 3 类。外浮顶罐之
所以由雷击引发事故，主要存在以下问题：一是浮盘与罐壁缺少足够的低阻抗通
道，等电位连接不完善；二是浮盘与罐壁存在电位差；三是浮盘接地不良，泄流
不畅、泄流通道阻抗过高；四是浮顶罐的材质可能磁导率高，在直击雷或感应雷
的高频率下，产生明显的集肤效应，增大交流阻抗；五是部分浮顶储罐虽没有两
条导线，但也难以满足大型存储浮盘与罐壁之间的等电位连接要求。

根据相关的事故分析，多数雷击事故是在导静电线连接良好情况下发生的。
发生雷击事故的储罐液位多处于 70% 以上的高液位。用 30m 或 20m 滚球法测定，
浮顶大部分处于暴露位置。因此，雷击事故由直击雷引起的可能性较大，应采取
更严格的防雷措施对油罐进行保护。

（2）违章操作。

引发油罐着火的一个主要原因是在维修过程中使用电气、焊修储输油设备时，其动火管理不善或措施不力。油罐的主要电气设备，如输电设备、线路、泵房电机照明设备等，若发生短路、漏电、接地、过负荷等故障时，产生的电弧、电火花、高热等，极易引燃泄漏的油品及挥发的油气。此外，若泵房电机、灯具、开关等采用非防爆类型或防爆等级不够也易引燃泄漏的油气。为消除电气火灾应做到以下几点：必须严格执行电气安全规定，避免电气设备打火现象；油罐区电气设备必须采用防爆电气设备，可根据不同的防爆等级采用不同防爆形式的防爆电气；定期检查防爆电气设备的防爆性能；现场维修作业、动火、用电等需经审批，施工人员应严格遵循操作规程。

（3）静电火花。

当油品与固体、油品与气体、油品与不相溶的液体之间，由于搅拌、沉降、喷射、飞溅、发泡、流动等发生相对运动时，会在油品中产生静电。这种静电对易燃油品是一种潜在的引火源。油品带电主要有以下几个原因。

①流动带电。油品在管道输送过程中，由于流速过快或通过管路的弯头、法兰等时与管道摩擦而产生静电电荷。

②喷射带电。当有压力的油品从喷嘴或管口喷出成束状液体，在与空气接触时分成小液滴，其中比较大的液滴快速沉降，其他微小液滴停滞在空气中形成雾状小液滴云。这种小液滴云往往带有大量电荷。

③冲击带电。油品从管道口喷出后遇到罐壁等障碍物时，油品会飞溅形成飞沫、气泡或液滴而带电。

④液体沉降带电。油品中含有固体颗粒杂质或水分，当这些颗粒或聚集成大水滴向下沉降时，会由于正负电荷的分离带电。

（4）添加剂不合格。

企业迫于繁重的生产任务和激烈的市场竞争降低成本采用一些质量不合格的添加剂，或者由于工程外包，对第三方企业的管理不完善、监督不到位导致对添加剂的安全可靠性把控不严等。大连中石油国际储运有限公司"7·16"输油管道爆炸火灾事故，就是由于输油管道中注入含有强氧化剂的原油脱硫剂导致管道内发生化学爆炸。

（5）其他原因。

上述几种原因约占了油罐火灾原因的80%，其他如设备失效、人为破坏、地震、洪水等也有可能引发油罐火灾。比如地震，地震导致储罐液面晃动。由于浮顶大幅度的摇摆，使得储罐内部的原油溢流、泄漏到浮顶或防火堤内，可燃性蒸汽在浮顶上或防火堤内蓄积，遇到引火源则会发生火灾事故。

3.1.2.2 火灾模式分析

通过对22起油罐火灾的事故案例资料进行分析，发现这些油罐火灾在起火燃烧过程中，其火灾模式是不断发展和变化的。以火灾案例中的极端火灾模式进行统计，具体见表 3.3 与如图 3.3 所示。

表 **3.3** 外浮顶储罐极端火灾模式统计表

火灾模式	火灾起数	比例
密封圈火灾	6	27.3%
全液面火灾	6	27.3%
防火堤池火灾	2	9.1%
地面流淌火	2	9.1%
沸溢火灾	1	4.5%
油罐外部火灾	1	4.5%
其他	4	18.2%

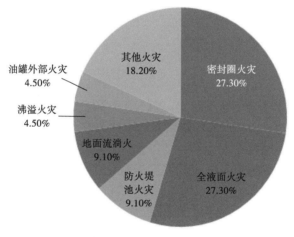

图 3.3 外浮顶储罐极端火灾模式占比图

在统计的 22 起外浮顶储罐火灾案例中，在极端火灾模式下，密封圈火灾和全液面火灾各有 6 起，各占火灾案例总数的 27.3%；防火堤池火灾和地面流淌火各有 2 起，各占火灾案例总数的 9.1%；发生沸溢火灾的有 1 起，占总数的 4.5%；有 1 起油罐外部管道火灾，占总数的 4.5%；其中还有 4 起其他模式的火灾，如闪爆、爆炸后未燃烧、罐内残油燃烧等，占总数的 18.2%。

针对各种不同的火灾模式，后文中会详细介绍。

3.1.2.3 着火部位分析

外浮顶储罐着火部位主要集中在密封圈、浮盘、油罐内部、油罐外部。具体见表 3.4 与如图 3.4 所示。

表 3.4　外浮顶储罐火灾着火部位统计表

着火部位	火灾起数	比例
密封圈	8	36.4%
浮盘	3	13.6%
油罐内部	9	40.9%
油罐外部	2	9.1%

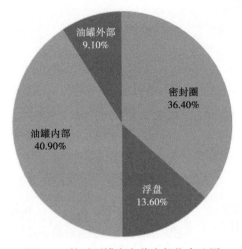

图 3.4　外浮顶罐火灾着火部位占比图

22 起外浮顶储罐火灾中，发生之初密封圈先着火的有 8 起，占火灾总数的 36.4%；浮盘先着火的有 3 起，占火灾总数的 13.6%；直接在油罐内发生燃烧的有 9 起，占火灾总数的 40.9%；着火先发生在油罐外部后导致整个油罐着火燃烧的有 2 起，占火灾总数的 9.1%。

结合火灾原因发现，所有的密封圈起火皆是由雷击所引发的。因此，雷击是引发密封圈火灾的最主要的原因。

3.1.2.4　灭火方式分析

灭火方式分为固定灭火、移动灭火、固定+移动灭火、固定+移动+登顶灭火，火灾起数与其所占的比例见表 3.5 与如图 3.5 所示。

表 3.5　外浮顶储罐火灾灭火方式统计表

灭火方式	火灾起数	比例
固定灭火	0	0
移动灭火	12	57.1%
固定+移动灭火	3	14.3%
固定+移动+登顶灭火	6	28.6%

注：其中有 1 起事故是闪爆后不燃烧。

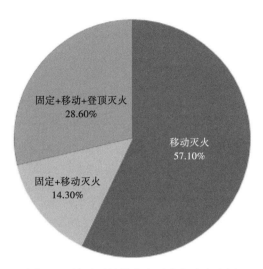

图 3.5　外浮顶储罐火灾灭火方式占比图

22 起火灾案例中，除了 1 起事故是发生闪爆后未燃烧，剩余的 21 起火灾事故中，有 12 起火灾只采取了移动灭火这一种灭火方式，其余的 9 起则采取了两种或三种方式灭火。其中，有 6 起火灾根据现场实际情况采取了消防员登顶灭火的方式。

（1）固定灭火。

在固定/半固定式消防设施完好的情况下，利用固定/半固定消防设施开展油品罐区火灾扑救。

（2）移动灭火。

在固定消防设施启动的情况下，利用移动消防装备配合完成冷却和灭火。当火势发展迅猛或固定消防设施不能使用时，要调集力量，以移动消防装备为主来实施灭火。

（3）登顶灭火。

《石油储罐火灾扑救行动指南》（GA/T 1275—2015）中提到：对于密封圈火灾或罐顶沟槽存在隐蔽火时，可适情利用罐梯或消防梯，在水枪掩护下，实施登顶作战，向着火部位喷射泡沫或干粉灭火；对于近距离火灾扑救人员或登顶作战人员，应实施水枪掩护，并适时组织人员替换。

在油罐火灾应急救援行动中，登顶灭火是作为一种有效的灭火方式被消防官兵采用及经常演练的。登罐强攻，枪炮结合，利用手提式干粉灭火器或覆盖物，从上风方向接近火点，严密盖住火焰，喷射干粉窒息灭火，对初起火灾效果最佳。该种灭火方法充分利用外浮顶储罐的特点，抓住火灾初起阶段燃烧面积小、温度不高、火势较弱的有利时机，在条件允许的情况下登罐强攻。

3.2 外浮顶储罐火灾模式

3.2.1 火灾模式定义

火灾模式相当于灾情设定，是指针对具体设备，通过参数设定确定出来的具体火灾型式。一种设备通常对应多种火灾模式。设备火灾可能只有一种火灾模式，也可能是多种火灾模式的叠加。而且随着时间推移和火灾规模变化，火灾模式可以相互转化。本书中火灾模式只针对外浮顶储罐，不涉及装置且设备名称明确。由部位、点火形状、物料类型、燃烧形态4个要素对火灾模式进行描述，即

"火灾模式" = "部位" + "点火形状" + "物料类型" + "燃烧形态"

"部位"是指发生火灾的设备部位或部件名称，如储罐的密封圈、储罐的外部管线等。

"点火形状"是指火灾着火点的物理形状，包括点状、线状、面状和空间状等4种。

"物料类型"是指火灾中发生燃烧的物料种类，包括可燃气体、液化烃、可燃液体和可燃固体等4种。

"燃烧形态"是指物料燃烧的形式，主要有自燃、闪火、喷射火、表面火、池火、流淌火、立体火等7种。

通常在定义外浮顶储罐火灾模式时需要将4个要素都写全。但如果要素之间存在重复时，可进行适当简化。比如将"外浮顶罐区外浮顶罐环形密封圈线状可燃液体表面火"火灾模式，简化为"外浮顶罐环形密封圈线状可燃液体表面火"。

3.2.2 外浮顶储罐火灾模式

外浮顶储罐典型火灾模式主要可以概括为以下5种情况。

（1）密封圈线状液体表面火灾。

密封圈火灾模式示意图如图3.6所示，火灾发生在外浮顶罐密封圈处，燃烧

图3.6　密封圈火灾模式示意图

物料为残留的可燃液体，火点为单点、多点或连成线状，火情稳定，浮船和罐体结构未遭到破坏。

外浮顶罐通常会由于雷击发生密封圈火灾，如图 3.7 所示为 2006 年中石化仪征输油站原油罐雷击引发密封圈火灾。根据统计的案例分析，22 起火灾案例中在发生之初着火部位为密封圈的有 8 起，且该 8 起火灾皆是由雷击所引发的。大型外浮顶储罐密封圈之所以易遭雷击发生起火的原因主要在于以下几点。

图 3.7　2006 年中石化仪征输油站原油罐雷击引发密封圈火灾

①可燃物。

目前，大型原油储罐大都采用外浮顶结构，浮盘与罐壁之间存在环形间隙。为保证储罐的严密性和浮顶的灵活性，在此环形间隙内需设置浮顶密封装置。中国现行国家标准《石油库设计规范》（GB 50074—2014）要求浮顶油罐采用二次密封装置，即设一次和二次双重密封。而一次、二次密封之间有一个环形密闭空间，此空间内会存在一定量的挥发油气。当一次密封存在缺陷，且气温比较高时，空间内油气浓度就会升高，易形成爆炸环境。油罐遭雷击后，浮盘密封处首先发生爆炸，随后才引发燃烧。这表明一次、二次密封环形密闭空间内局部的油气浓度达到了爆炸下限，具备爆炸燃烧条件。

②点火源。

在雷雨天气，空中带电云之间、带电云与周围设施、带电云与地放电，这些放电都可以引起油罐周围电场的剧烈变化。为达到电场的平衡，油罐浮盘上的感应电荷会按一定规律泄放。而现有连接浮盘和罐壁的两条编织软导线难以满足感应电荷的瞬间泄放，浮盘与罐壁之间就会形成瞬时电位差。储罐一次、二次密封有一些金属物，如压接不好的导电片、连接螺栓、金属密封靴板等都存在放电条件。一旦它们与罐壁的电位差及间距达到放电条件，就会放电产生火花，成为事故的点火源。另外，容积大于 10^5m^3 的储罐直径一般都在80m以上，雷电会直接击到浮盘密封处，从而引发密封圈火灾。

③浮盘密封形式。

为尽可能减少油气损失，目前国内外大型外浮顶储罐都采用包括一次密封和二次密封在内的双重密封。一次密封的主要形式有机械密封、弹性泡沫密封和管式充液密封，二次密封主要采用L形弹性刮板式。近几年，中国对大型原油储罐浮盘一次密封形式的选用主要从使用寿命和可维护性考虑，大多采用机械密封结构。但机械密封由于结构和制造材料原因，其发生雷击闪爆的概率会大大高于管式充液密封和弹性泡沫密封，因此一次密封若采用机械密封会导致雷击火灾事故概率较高。且由于储罐变形、浮盘飘移、罐壁腐蚀、密封橡胶老化等原因。一次密封和二次密封不可能与罐壁完全接触。一次密封处存在油气泄漏间隙，二次密封处存在空气渗入间隙，一次、二次密封间极易形成爆炸空间。

掌握了大型外浮顶罐易遭雷击发生火灾事故的原因，那么就需要针对原因制订有针对性的改进措施。

①改进浮盘密封设计。

从一次、二次密封结构设计、密封圈材料、制造安装各个环节上加强质量控制，提高浮盘密封质量；合理选用隔膜材料，研究开发性能优良的阻燃性密封隔膜材料用于浮顶油罐的密封。

浮盘密封应根据储罐所在地区不同的地质气象条件选择合适的密封结构，对雷电多发且气温高的地区应优先选用充液密封，提高浮盘密封可靠性，减少油气挥发量，降低一次、二次密封环形空腔内的油气浓度。

②预防雷击。

国家标准《石油储备库设计规范》（GB 50737—2011）中对浮顶油罐防雷做出了相应的规定，如油罐应做防雷接地，接地点沿罐壁周长的间距不应大于30m；冲击接地电阻不应大于 10Ω；当防雷接地与电气设备的保护接地、防静电接地共用接地网时，实测的工频接地电阻不应大于 4Ω；油罐不应装设避雷针，应将浮顶与罐体用两根导线做电气连接等。

此外，除遵循相应的标准要求外，防雷击还应做到：浮盘一次、二次密封中的金属件必须与罐壁做等电位连接，并避免出现金属突出物，以消除或减少密封圈与罐壁间构成雷电闪烙的条件；对重要的大型油罐区宜安装小型雷电预警系统，小型雷电预警系统探测半径为10km，能够不断地监测所在位置的场强变化，可提前30min预警雷暴的发生。

（2）罐内全液面（液体）池火灾。

全液面池火灾模式示意图如图 3.8 所示，火灾发生在外浮顶罐内部可燃液体表面，浮盘倾覆或破坏，燃烧物料为可燃液体。液面下部的外浮顶罐罐体未遭到破坏，进、出口工艺控制系统可能失效。

图 3.8 全液面池火灾模式示意图

目前，大型外浮顶储罐普遍采用钢制单盘式或双盘式浮顶结构，发生火灾通常表现为环形密封处的局部火灾。然而，这类储罐在运行过程中，也会出现因管理、操作不慎等原因导致全液面敞口池火灾。在油罐火灾时浮盘发生局部下沉或直接沉盘极易导致全液面火灾，扑救难度大，造成的损失非常严重，如图 3.9 所示为 1989 年芬兰鲍尔加市炼油厂发生油罐全液面火灾。

图 3.9 1989 年芬兰鲍尔加市炼油厂油罐全液面火灾

浮盘发生故障或沉盘的原因主要有以下几点。

①浮盘变形。浮盘在长期频繁运行过程中，要受到油品腐蚀、油品温度变化、气候变化、储罐基础沉降、罐体的变形、浮盘顶滑梯安装、浮盘附件是否完好等因素的影响。浮盘几何形状和尺寸发生变化，浮盘逐渐变形，出现表面凹凸不平。变形后浮盘在运行中由于各处受到浮力不同，以致浮盘倾斜，浮盘量油导向管卡住，导致油品从密封圈及自动呼吸阀孔跑漏到浮盘上而沉盘。

②油罐和浮盘施工质量差。如罐体的直径，椭圆度，垂直度，表面凹凸不合要求，浮盘变形与歪斜，导向柱倾斜，导向柱有间隙，油罐的一次、二次密封安装不好等，也易导致沉盘事故。

③浮顶中央排水系统不畅通。当遇到暴雨时，导致大量雨水不能及时排空；在发生油罐火灾时，大量的泡沫消防液喷洒在浮盘上导致浮盘承载过重，从而发生沉盘事故。

④工艺条件不佳、操作不当。如收油时，来油窜入大量的气体或进油速度过快，油品中含气量较多，使浮盘在罐内产生"漂移"，发生"气举"现象，导致浮盘受力不均匀，处于摇晃失稳状态，将易造成沉盘事故。

美国石油协会对 1951 年至 1995 年 107 起大型储罐（直径介于 30.5～100m）火灾事故的统计表明，在 81 起浮顶储罐单罐火灾中全液面火灾有 22 起，占浮顶储罐单罐火灾的 27%。在本书统计的 22 起事故案例资料中就有 6 起事故发生了全液面火灾，具体见表 3.6。发生全液面火灾的频次是不容小觑的，且扑救难度大，往往造成的损失也是巨大的。

表 3.6　全液面火灾事故统计

发生时间	地点	储存油品	储罐尺寸	后果
1983 年 8 月	英国	原油	高 20m、直径 78m	发生了沸溢事故
1988 年 10 月	新加坡	石脑油	高 20m、直径 41m	油罐被彻底烧毁
1989 年 3 月	芬兰	异己烷	高 14m、直径 52m	烧掉了约 1.6 万吨油品
1996 年 6 月	美国	MTBE	高 14.6m、直径 41m	不详
1996 年 7 月	加拿大	废油	高 15.2m、直径 43m	不详
2001 年 6 月	美国	汽油	高 9.8m、直径 82.4m	烧掉了约 2 万吨油品

为了充分研究大型浮顶储罐全液面火灾风险，1997 年由 BP，Shell 等 16 家石油公司共同出资组建了 LASTFIRE 项目组，以探索降低大型浮顶储罐火灾风险的最佳措施，其研究结果表明如下几点。

①对于大型外浮顶储罐通常会发生密封圈火灾。如果该储罐日常维修、保养良好，由密封圈火灾发展成全液面火的可能性很小。

②外浮顶储罐发生密封圈火灾的主要起火原因是雷击。如果雷击或初起的爆

炸未对浮盘的浮仓造成破坏，那么密封圈火灾发展成全液面火灾的可能性很小。

③由于过量充装或者暴雨导致浮盘沉没，可能引发全液面火灾。一旦发生，现有的固定灭火系统受泡沫混合液供给强度限制很难扑灭全液面火灾。

④发生全液面火灾，如果短时间内不能灭火，要密切关注火势发展，警惕沸溢事故的发生，避免造成人员伤亡。

（3）防火堤面状（液体）池火灾。

外浮顶罐可燃液体物料大量溢出或泄漏，遇到点火源在防火堤内形成液体池火灾。防火堤池火灾模式示意图如图 3.10 所示。池火灾，尤其是在开放环境下的池火灾，当池子直径大于 1m 时，池火灾对邻近人员及设备的危害主要体现在热辐射影响上。

图 3.10　防火堤池火灾模式示意图

防火堤内池火灾的形成一般有三种情况：一是储罐区储油罐或堤内输油管道破损、破裂，造成油品大量泄漏至防火堤内，遇火源或高热燃烧而形成池火灾；二是储罐附近发生火灾爆炸事故，罐内、罐外大火同时持续高温烘烤，导致罐体温度过高，罐体强度降低，进而造成储罐坍塌，油品大量泄漏形成流淌火；三是油品过量充装导致油品的大量溢出，或者由于过量充装，喷射至油品液面的泡沫引起油品的持续外溢，会在防火堤内形成池火灾。

原油储罐破损、破裂，造成油品大量泄漏至防火堤，发生事故的形式根据实际情形的不同有多种形式。

①当储罐泄漏口较小时，或者泄漏现象及时被发现，未造成重大泄漏事故，这种情况对油罐的安全威胁不大，即使泄漏出少量油品发生小面积燃烧事故也能被及时扑灭。由于火灾小空间大，不会对附近储罐构成威胁。

②当储罐泄漏原油在防火堤内某低洼处集聚，由于原油的挥发性，在通风不良的地方很容易形成局部爆炸燃烧性环境。该爆炸性混合气体遇到点火源后发生爆炸，爆炸冲击波造成邻近罐体或者原油管线破损，继而造成大量原油外泄。泄漏油品在爆炸后的高温环境下被点燃，形成流淌火。由于防火堤的阻挡作用，油品在防火堤内聚集，形成防火堤内池火灾。

③当邻近储罐发生火灾时，罐壁在火灾热辐射的作用下，经过一段时间会发生坍塌。首先罐内高温可燃挥发性气体发生蒸汽云爆炸，然后大量原油瞬间从罐内流出，填满整个防火堤，并在高温作用下发生池火灾。另外，防火堤在池火灾的作用下也会发生坍塌，罐内燃烧原油会形成流淌火，增加池火灾面积。

因此，预防油罐池火灾的发生，除了严格控制引火源外，还要尽量避免油品泄漏及油品过量充装。

输油过程中防止油品泄漏。在油库的油料收发和输运作业中，由于人为操作失误、设备失效等原因导致的油品泄漏是比较常见的。为避免输油过程中油品泄漏，输油前严格检查管道、阀门、法兰都是否完好；输油过程中定期巡查管线、阀门、管线油污异常；值班人员应随时了解油罐车、油罐液面变化情况；输油后应清理作业现场，严格检查是否关闭相关阀门等。为避免过量充装，石油储罐应设置量油孔、液位计、高液位报警仪表等。此外，还应在油罐的进油管道控制阀门上应用高液位自动联锁关闭设施。

防止溢流。油品一旦发生泄漏，为防止泄漏后的油品危及邻近储罐或蔓延到排水系统，应采用围控措施。围控措施主要是将泄漏的油品限制在防火堤范围内。防火堤应满足下述要求：对于现有罐区中的储罐，应根据相关规范、标准中有关防火堤的建造和布置规定修建防火堤；防火堤排放阀应布置在罐区之外，并且保持关闭（排水时除外）；防火堤地面应有一定的坡度，以便溢流的液体迅速从储罐附近流开；定期检查地面、隔离沟、防火堤壁和防火堤排水系统，确保设计的排放方式未发生变化，设计的围控能力没有减弱；不得随意在防火堤上开孔挖洞。如有管线必须穿过防火堤时，应当用非燃烧材料将孔洞四周缝隙严密填实。若防火堤上存在孔洞未被封堵，则油罐发生漏油后大量油品通过孔洞迅速流到其他罐组和罐区，形成罐外地表表面流淌火灾，从而最终导致多罐着火爆炸。

（4）沸溢火灾。

重质油品储罐发生火灾后，油品在燃烧过程中出现沸腾、溢流、突沸等现象，称为沸溢性火灾。油罐沸溢火灾示意图如图3.11所示。沸溢性油罐火灾的特点是火焰温度高、高度高，热波传播速度快，燃烧面积大，连续发生喷溅，燃烧过程火焰起伏，火灾危险性大。

重质或含有水分的油品着火燃烧时，因油品具有较高的沸点和较大的黏度，水沸腾汽化被油薄膜包围形成油泡沫。大量油泡沫从罐内沸溢而出，甚至从罐内猛烈喷出，形成的巨大火柱可高达70~80m，火柱顺风向喷射距离可达120m左右。不仅会扩大火场的燃烧面积，而且严重威胁扑救人员的人身安全。

沸溢性火灾是外浮顶储罐几种火灾模式中危险性最大的，其危害主要有两点：

①沸溢时辐射热量突然增大，原油、重质油品油罐火灾的辐射热虽然比汽油

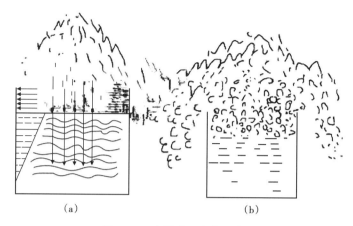

图 3.11 油罐沸溢火灾示意图

小，但发生沸溢时由于油品燃烧面积急剧增大，燃烧热和火焰形体相应迅速增大，热辐射通量要高于沸溢前的数十倍，这给火灾扑救工作及附近人员、油罐建筑的安全都带来了极大的危险；

②沸溢时喷溅处的燃烧油品会造成二次灾害，因为原油、重质油罐往往都是成组布置的，最先着火的油罐会因沸溢而波及邻近的油罐，从而引起一连串的着火、爆炸事故，造成众多人员伤亡和严重的财产损失。油罐沸溢火灾现场图如图 3.12 所示。

图 3.12 油罐沸溢火灾

油品沸溢是不容忽视的风险，因此，研究导致外浮顶储罐发生沸溢火灾的原因是非常必要的。

①辐射热作用。油罐发生火灾时，辐射热在向四周扩散的同时也加热于油面。随着辐射时间增长，被加热的油层也越来越厚。当温度不断升高，油品被加

热到沸点时，燃烧着的油品便开始沸腾溢出罐外。

②热波作用。石油及其产品是一种多种碳氢化合物的混合物，在油品燃烧时，首先是处于表面的轻馏分被烧掉，而剩余的重馏分则逐步下沉，并把热量带到下面，从而使油品逐层地往深部加热，这种现象称为热波。热油与冷油的分界面称为热波面，亦称热波头，辐射热和热波往往是同时作用的，因而能使油品很快达到它的沸点温度而发生沸溢和喷溅。

③水蒸气作用。如果油品不纯，油中含水或油层中包裹游离状态水分时，当热波面与油中悬浮水滴相遇或达到水垫层深度，水被加热汽化，并形成气泡。水滴蒸发为水蒸气后，体积膨胀约1700多倍，便会形成很大的压力急剧冲出液面，把着火的油品带向高空，形成巨大火柱。

通过分析可以总结出油罐发生沸溢火灾必须具备几个条件：①油品有较高的沸点和较大的黏度；②液体燃烧时，液面受热之后以热波形式向下传热，能形成高温层；③高温层的热波面温度高于水的沸点；④油品中含有自由水、乳化水，且比较均匀地悬浮在油层中，油罐底部有水垫层。

各种重质油品储罐在燃烧过程中，发生喷溅的时间可用下式计算：

$$T = [(H-h)/(V_0 - V_t)] - K \cdot H$$

式中　T——预计发生喷溅的时间，h；

H——储罐中液面的高度，m；

h——储罐中水垫层的高度，m；

V_0——原油燃烧的线速度，m/h；

V_t——原油的热波传播速度，m/h；

K——提前常数（储油温度低于燃点时取0，温度高于燃点时取0.1h/m）。

几种油品的热波传播速度和燃烧直线速度见表3.7。

表3.7　几种油品的热波传播速度和燃烧直线速度

油品名称	热波传播速度 V_t（cm/h）	燃烧直线速度 V_0（cm/h）
轻质原油含水率0.3%以下	38~90	10~46
轻质原油含水率0.3%以上	43~127	10~46
重质原油和重油0.3%以下	50~75	7.5~13
重质原油和重油0.3%以上	30~127	7.5~13
煤油	0	12.5~20
汽油	0	15~30

为了防止油罐火灾演变成沸溢性火灾，从而扩大事故后果，现场救援人员除了需做好防范外，还要掌握沸溢火灾发生前的征兆，包括：①油面呈现蠕动，涌

涨现象，出现油泡沫 2 ~ 4 次；②火焰增高，发亮，发白；③烟色由浓变淡；④罐壁或其上部发生颤动；⑤产生剧烈的嘶嘶声。

（5）外管点状液体表面火灾。

火灾发生在外浮顶罐设备管线（含阀门、仪表、法兰等）位置，燃烧物料为可燃液体，燃烧物料量有限，火情较稳定，泄漏的物料未形成地面流淌。除火点外的外浮顶罐设备主体结构未破坏，进、出口工艺控制系统仍然有效，火点部位未彻底损毁。

外管点状液体表面火灾多是在储罐设备管线的阀门、仪表、法兰等处发生油品泄漏遇点火源后引发的。泄漏量较少或者发现较为及时，未能引发较大事故，对油罐主体结构也不会构成破坏。若发现不及时或处理不得当，泄漏点经长时间燃烧后撕裂造成大面积泄漏，小面积的火灾很可能扩展为严重的防火堤池火灾事故。因此，对于发生于设备管线阀门、法兰等处的小型火灾，应引起现场人员的高度重视。

3.3　火灾模式发展演变

对于大型外浮顶储罐，依据火灾发生的位置和规模基本可以将火灾模式概括为以下 5 种：外管点状火灾、密封圈火灾、防火堤池火灾、全液面火灾及沸溢火灾。这些初始火灾模式若不能得到很好的扑救和控制，都有可能发展为全液面火灾或多罐火灾。外浮顶储罐火灾模式发展演变如图 3.13 所示。LASTFIRE 项目中密封圈火灾升级为全液面火灾，浮顶溢油发展为防火堤池火灾的概率非常高，而沸溢导致多罐火灾或防火堤火灾的概率高达 100%。因此，研究大型外浮顶储罐初始火灾模式发展变化条件、不同火灾模式之间的转变规律，对于制订火灾应急救援策略、合理调配人员及消防设施、及时快速控制火灾、扑灭火灾有着重要意义。

图 3.13 简要概括了单个燃烧的外浮顶储罐火灾模式的发展演变过程，对于燃烧储罐因火势发展引燃其他储罐或多个储罐的情况，图中并未涉及。

（1）密封圈线状液体表面火灾→罐内全液面（液体）池火灾。

密封圈火灾升级为全液面火灾的其中两个因素：初始的闪电电击在引起密封圈火灾的同时造成浮盘的损坏；在火灾发生后短时间内，固定灭火设施因故障不能全部投用。两个因素并存才可能导致全液面火灾发生。此外，若浮顶中央排水系统不畅通，暴雨导致大量雨水不能及时排空发生浮盘沉盘，遇雷击引起罐内火灾，最后也可能发展为全液面火灾。

（2）密封圈线状液体表面火灾→防火堤面状（液体）池火灾。

雷击引发密封圈火灾，若短时间内未能控制火势，且浮顶罐内油品储量较

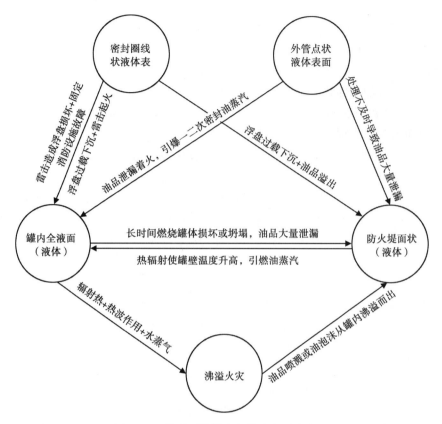

图 3.13　外浮顶储罐火灾模式发展演变图

多，极易导致浮盘损坏发生沉盘，油品溢出，最后发展为防火堤池火灾。

（3）外管点状液体表面火灾→罐内全液面（液体）池火灾。

外管点状液体表面火灾升级为全液面池火灾的条件是：外浮顶罐设备管线（含阀门、仪表、法兰等）位置发生油品泄漏并着火；浮盘一二次密封不严，且油蒸汽达到爆炸极限。浮盘位置发生爆炸而损坏，从而引发全液面火灾。

（4）外管点状液体表面火灾→防火堤面状（液体）池火灾。

储油罐或堤内输油管道破损、破裂，若处理不及时导致外管烧毁造成油品大量泄漏至防火堤内，遇火源或高热燃烧而形成池火灾。

（5）罐内全液面（液体）池火灾→防火堤面状（液体）池火灾。储罐内大火长时间燃烧，导致罐体温度过高，罐体强度降低，储罐主体结构被损坏，严重时造成储罐坍塌，油品大量泄漏至防火堤内形成池火灾。

（6）防火堤面状（液体）池火灾→罐内全液面（液体）池火灾。若防火堤内发生池火灾，因长时间热辐射极易引燃罐内油蒸汽，从而导致全液面池火灾的发生。

（7）罐内全液面（液体）池火灾→沸溢火灾。罐内全液面池火灾极易导致沸溢火灾的发生。罐内油品长时间燃烧，随着热辐射作用、热波传导及水蒸气蒸发等因素的综合作用，油罐底部水垫层的水汽化，大量水蒸气穿过油层向油品液面上浮，使得油品体积迅速膨胀，喷出罐外，形成沸溢性火灾。

（8）沸溢火灾→防火堤面状（液体）池火灾。油罐发生沸溢火灾，油品大量喷射而出在防火堤内形成池火灾；泡沫消防液与燃烧的油品形成油泡沫，沸溢发生时，喷射至油品液面的泡沫会引起油品的持续外溢，在防火堤内形成池火灾。

第4章 外浮顶储罐火灾模拟技术

4.1 计算机模拟

研究火灾的发生、发展规律，预测其危险性是有效预防和扑灭油罐火灾的关键。目前的研究方法，主要有模型实验与计算机模拟两种方法。

模型实验一般是指对各种实际火灾情况进行实体（full scale）试验，或按比例缩小尺寸（small scale）的燃烧试验。它是火灾科学理论研究的基本方法和手段，既可用于研究火灾的规律，验证各种影响因素之间的关系，同时也可为数学模型提供基本的数据。目前，国内的大型油罐火灾实验研究开展的较少，相应的实验数据还比较缺乏。且油罐火灾研究具有特殊性，加之资金、安全、环保等因素的限制，直接进行大型实验是非常困难的。另外由于油罐火灾受到气候和环境的影响使得实验重复性较差，难以获得一致的结果。

计算机模拟就是在描述火灾过程的各种数学模型的基础之上，分析研究火灾的发生、发展、烟气的蔓延规律以及火灾对周围环境的作用。计算机模拟可以大大节省研究和测试费用，同时可通过设定多种火灾场景进行重复的模拟和演算。近几年来，随着计算机模拟技术特别是场模拟技术的日益成熟，应用计算机来模拟油罐火灾的发展过程和火灾对周围环境、人员的影响已成为更为可行的手段。

计算机模拟的关键在于建立可以准确描述火灾现象及其发展过程的数学模型，其常被称为"火灾模型"。现在常用的火灾模型有两种：区域模型（Zone Model）和场模型（FieldModel，也称为 CFD 模型）。

区域模型把所研究的受限空间划分为不同的控制区域，并且假定各个控制区域内的参数（温度、压力、密度等）是均匀的，在每个区域内分别运用质量守恒、能量守恒和动量守恒的原理，用数学分析方法来描述火灾过程。

场模拟的理论依据是自然界普遍成立的质量守恒、动量守恒、能量守恒以及化学反应定律等。场模拟还建立了火灾各主要分过程的理论模型，主要是受浮力影响的湍流模型、湍流燃烧模型、辐射换热模型和碳黑模型等，并组成了一个封闭的基本方程组。然后将研究对象划分为数以万计的控制体，在控制体中通过数值求解这些方程组来获取所求参数以了解火灾的发展过程。

通过比较两种模型的优缺点，可以看出探求油罐火灾的规律应采用场模拟的方法。首先，人们需要了解油罐火灾的燃烧机理。在这方面由于区域模型含有较多的经验内容，不能很准确地模拟火焰内部和火焰附近的情形。其次，由油罐燃烧的特点可以看出，油罐火焰对外界的辐射非常大，对相邻油罐和其他易燃物品危害性很大，人们需要模拟出火焰对外界的影响，而区域模型对此无能为力。最后，由于现在计算机技术的高速发展，应用场模拟的限制已经很小，且场模拟能够非常准确地描述整个火灾发展的过程和其对外界的影响。

4.2 模拟软件介绍

4.2.1 ALOFT-FT

该软件主要计算有风条件下，大型室外火灾烟气的上升与扩散的规律，并可预测烟气颗粒和燃烧产物在下风向的分布情况。大量实验的测量和观察表明，下风向的烟气分布是由气象、火灾参数、地形等几个因素共同影响的。为了模拟烟气羽流及其与周围环境的关系，NIST开发了这个模型。该模型通过计算最基本的流体动力学方程来获得顺风、侧风情况下竖直方向的等浓度线及其变化规律。

4.2.2 CFX

CFX是一款模拟火灾过程、气体扩散和爆炸现象的通用流体动力学软件。它可以用来分析火灾动力学、烟气的运动以及火灾的结构和灭火措施等方面的内容。CFX使用了贴体坐标系统、自动生成网格系统和开放的混合网格，能够获得稳态和非稳态条件下的热传递和质量传递规律，而且还包含有多种湍流模型(K-ε模型、RNG模型、雷诺应力模型等)。该软件还具有并行计算、计算固体区域热传递、模拟音速和超音速流以及多相流等功能。

4.2.3 FDS

FDS是一种基于大涡模拟的火灾模型。它采用数值方法，求解一组描述热力驱动的低速流动的N-S方程，重点计算火灾中的烟气流动和热传递过程。同时，FDS可以专门模拟喷淋装置和其他一些灭火装置的工作过程。该模型用于防排烟系统和喷淋/火灾探测器启动的设计，另外还适用于各种住宅火灾和工业火灾。通过这几年的发展，FDS解决了大量消防工程中的火灾问题，同时还为研究基本的火灾动力学和燃烧提供了一个工具。

4.2.4 FLUENT

FLUENT是一种通用的流体动力学计算软件，其设计基于"CFD计算机软件群的概念"，针对每一种流动的特点，采用各种合适的数值解法以求得在计算速度、稳定性和精度等方面达到最佳。它将不同领域的计算软件组合起来，成为CFD软件群，从而高效率地解决了各个领域的复杂流动计算问题。每种不同的软件都可以计算流场、传热和化学反应，各软件之间也可以方便地进行数值交换，各种软件采用统一的前后端处理工具。FLUENT对每一种物理问题的流动特点，有其适合的数值解法，用户可对显式或隐式差分格式进行选择。

4.2.5 PHOENICS

PHOENICS是一款在学术和工业上应用非常广泛的通用CFD软件。它可以模拟单相流和多相流的流体流动、传热传质、化工反应和燃烧等现象，其包含的湍流模型、多相流模型、燃烧与化学反应模型等相当丰富。PHOENICS的边界条件设置也很有特点，是以源项的方式给定的。另外这个软件附带了从简到繁的大量算例，一般的工程应用问题几乎都可以从中找到相近的范例，用户再做一些简单修改就可直接应用，所以能给用户带来极大方便。

4.2.6 JASMINE

该软件经过20余年的发展、验证和改进，计算内容包含了与烟气运动相关的许多关键过程，如浮升力、对流、湍流流动、卷吸、燃烧和热辐射等。该模型通过模拟火灾对外部环境所造成的影响来评估灭火设施的设计问题，比如防排烟系统、HVAC（暖通空调系统）和其他消防设备的相互作用等问题。同时该模型能够预测封闭体内气体的特性参数随时间和空间的变化规律，主要有温度、密度、压力、速度以及边界温度、对流和辐射对固体边界的热反馈以及通风效果等。该模型除了能模拟室内的烟气运动外，还能模拟在不同风力和气候条件下室外火灾的烟气扩散规律。

4.2.7 KOBRA-3D

KOBRA-3D是一个用来模拟烟气扩散和热量传递的三维火灾模型。该模型最初的目的是用来计算海面上的碳氢化合物池火，现已被用来计算复杂几何条件下的火灾过程和烟气扩散。模型的求解基础是来源于著名的改进的SIMPLE算法，从中获得三维非稳态流体动力学平衡定律，并包含了不同的子模型，如热传递模型、火焰模型、探测反应模型和烟气与喷淋系统交互作用模型等。该模型可以计算局部区域的温度、压力、密度、烟气密度和气体成分浓度等特性参数。

4.2.8 SPLASH

SPLASH是一种准场模型，可以用来模拟水喷淋系统与火灾烟气的相互作用。该模型能够计算烟气和水喷淋系统之间的热量传递，并可细致模拟喷头的全部作用区域。同时该模型还可以预测当烟气层穿过喷头作用区域时水喷淋系统对烟气层物理参数的影响、水喷淋系统控制区域内热传递的变化和水喷淋系统对烟气浮升速率的影响等。模型的计算建立在以下假设之上：烟气层和喷头离火源较远；模拟条件为稳态；忽略对墙壁的热损失；从一个喷淋区释放出来的烟气在进入下一个喷淋区前已被均质化等。同时，计算中考虑了液滴的蒸发规律。

4.3　模拟技术应用

随着计算机技术的发展，计算机模拟技术已广泛应用于消防工程的各种实践中，并已成为现代消防工程研究的重要课题。通过模拟技术采集和建立火灾各种情况下的数学模型，再通过数学模型分析火灾中的数值变化和有可能突发的情况，可做到更好的现场预测和安全防护。通过计算机模拟技术的建立，可大幅度减少对模拟火灾过程中各种人力、物力、财力的投入，只需要掌握数据模型就可以做到比实际模拟更高效和安全的信息采集。

4.3.1　消防基础研究

模拟技术是消防工程研究中的重要手段。在消防工程的实践应运中，模拟技术可以研究火灾的机理，通过模拟技术模拟出火灾从产生到发展再到蔓延的过程，可以研究火灾出现的一些燃爆现象，也可以研究建筑火灾、森林火灾、工业火灾等火灾类型的特点。

通过模拟技术，研究灭火系统的性能。通过对自动水雾系统的灭火性能研究，进一步加强对感应灭火器启动和灭火能力的调节，针对性地改进灭火系统。

通过模拟技术，研究火灾探测系统的性能，包括火灾探测系统对火灾的响应、火灾探测器的布置方法等，为火灾探测系统选型及布设提供参考。

通过模拟技术，可以研究防排烟系统的性能，也可以针对防排烟系统的布置和本身排烟量及启动系统等问题来进行改进，让该系统得到优化。

通过模拟技术对消防产品的性能进行研究，对消防栓的布置、防水枪及消防服的安全性进行改进，最大限度地保障消防员的生命安全。

通过模拟技术，研究火灾发生地不同材料对于火灾的反应，判断其蔓延速度和深度，通过应变量的计算得出合理的数据。

4.3.2　优化防火设计

由于现代建筑多样化的设计和变化，越来越多的新型和大型建筑出现在城市之中。这些设计已经超出了现有消防模式下的规范设计，对消防安全造成了隐患。如果发生火灾，对消防救援极为不利。因此，针对结构和功能比较复杂的新型和大型建筑，如何改变和设计新的消防安全布局和防护已经成为消防工程中必须要面对的重要问题。

通过计算机模拟技术，运用系统的消防安全工程学原理，对建筑的整体结构及布局、火灾呈现的分布趋势、火灾的多发地点等一系列数据模型进行分析，模拟火灾发生时该建筑人员分布及逃生路线、烟气在建筑内的流动、救火过程中需要安装消防栓和预留应急通道等细节。通过对计算结果的分析，针对建筑做出合理安全的消防安全防护设计。通过火灾模拟结果分析，研究判断消防设计方案的合理性，并对不合理的消防设计方案在数据化模型下提出改进。

4.3.3 指导消防指挥

通过计算机模拟技术，结合优化的设备及可视化数字信息技术，在消防指挥中可以起关键性的作用。当火灾发生时，利用模拟技术与 GIS 技术结合，可以通过事先和实时采集的现场数据，接入消防指挥车，对现场的火势情况、火势走向、烟量大小和分布以及人员分布，消防安全出口等一系列的数据模型，模拟出最佳灭火方案。还可以通过数据模型对现场可能的突发情况作出预判，在救火之前做到合理的处置。例如在预防爆炸事故发生的过程中，如果通过模拟技术提前评估危险化学品可能造成的伤害，就可以将事故伤害控制在最小的范围内，有效地做出对消防安全的判断。

4.3.4 火灾事故调查

火灾普遍发生在我们生活、工作中。每一次火灾的发生，都有必要查明火灾原因，对火灾发生的过程进行分析，查明真相，找出承担责任的主体，减少火灾法律纠纷；同时也能在今后的生产生活中对人们起到警示的作用，以避免灾害再次发生。但是相对于其他诸如刑事案件来说，火灾调查的难度更大，物证很有可能烧毁在现场，难以保存；其次，各类非专业救火人员也会对现场造成一定的破坏，从而使得火灾调查难以还原真实情况。

计算机模拟技术作为现代科技发展的产物，对火灾调查的发展带来了巨大的推动作用，已经成为火灾调查中重要的辅助手段，有助于查明火灾发生的原因，明确事故责任，核对火灾损失。同时，通过模拟，找出相关的预防对策，降低火灾发生的概率，减少不必要的生命和财产损失。

4.4 火灾模拟示例

Thunderhead Engineering PyroSim 简称 PyroSim，是由美国国家标准与技术研

究院（National Institute of Standards and Technology，NIST）研发的专门用于火灾动态仿真模拟（Fire Dynamic Simulation，FDS）的软件。

PyroSim 是在 FDS 的基础上发展起来的，它为火灾动态模拟（FDS）提供了一个图形用户界面。它被用来创建火灾模拟，以准确地预测火灾烟气流动、火灾温度和有毒有害气体浓度分布。软件以计算流体动力学为理论依据，仿真模拟预测火灾中的烟气、CO 等毒气的流动、火灾温度及烟气浓度的分布。该软件可模拟的火灾范围很广，包括日常的炉火、房间火灾，以及电气设备引发的多种火灾。软件除可方便快捷地建模外，还可直接导入 DXF 和 FDS 格式的模型文件。

PyroSim 最大的特点是提供了三维图形化前处理功能，可视化编辑可实现在构建模型的同时，能方便查看所建模型，使用户从以前使用 FDS 建模的枯燥复杂的命令行编写中解放出来。

在 PyroSim 里面不仅包括建模、边界条件设置、火源设置、燃烧材料设置和帮助等模块，还包括 FDS/Smokeview 的调用以及计算结果的后处理，用户可以直接在 PyroSim 中运行所建模型。

4.4.1　火灾模拟基本步骤

利用软件开展火灾模拟，主要过程不外乎模型建立、运行求解和分析处理三个基本过程。PyroSim 提供的模型建立主要为建立网格、材料定义、创建表面、创建构筑物、添加火源和通风口等过程，最终得到一个完整正确的模拟模型。

PyroSim 程序具有强大的计算功能，能够实现火灾烟气三维仿真模拟等分析。针对外浮顶储罐密封圈火灾模拟，利用 PyroSim 程序开展模拟的过程大致可分为三个步骤。

（1）建立模型。

①新建程序文件并保存和命名。

②定义反应和材料数据。

③创建网格，网格划分不仅影响数值计算误差，而且对模拟结果的正确性有一定的影响。从理论上来说，网格单元越小，计算结果就越准确。但同时计算时间就越长，所需的计算内存也就越大。因此，需要在计算精度和计算机性能之间选取一个平衡点，既能满足计算精度要求，也能确保计算机性能能够承担计算工作量。

针对密封圈火灾模型，油罐直径大，整个模型按照 1:1 建立，网格划分单元小，所需计算时间非常长，计算机内存占用量大。因此，本模型采用拼接网格的方法，针对油罐上边缘及油罐下部，网格划分略粗；针对密封圈、浮盘区域等需重点分析的区域，加大网格划分的密度，提高求解的精度。外浮顶储罐拼接网格划分如图 4.1 所示。

图 4.1　外浮顶储罐拼接网格划分

④定义和创建物体表面属性。

⑤创建实体构筑物。创建实体构筑物需要外浮顶油罐建模的相关尺寸，具体见表 4.1。

表 4.1　外浮顶油罐建模相关尺寸

部位	尺寸，m	部位	尺寸，m
直径（外径）	80.5	浮盘直径	80.15
直径（内径）	80.45	浮盘高度	0.8
罐壁厚度	0.025	密封圈宽度	0.15
油罐高度	21.8	密封圈高度	1.0

根据以上尺寸，创建外浮顶油罐俯视图及侧视图，如图 4.2 所示。

⑥创建各种结果记录，如实体轮廓、切片等，这些数据可以使用 Smokeview 生成动画并显示出来。

⑦引燃着火点设置。为模拟密封圈火灾，需要设置一个引燃点模拟雷击，作为初始着火点，软件中采用引燃粒子来实现。

⑧测点设置。火灾模拟中主要关注的是罐壁温升及热辐射情况，可根据需要布设不同测点。

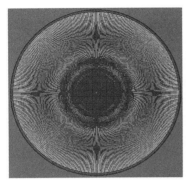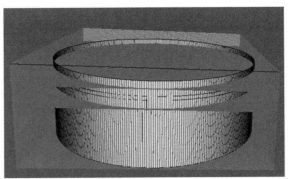

图 4.2　外浮顶油罐俯视图及侧视图

（2）运行求解。

①设置模拟属性。设置模型计算的时间参数对于大型模型必须满足相应的计算时间才能充分地完成计算，否则结果可能不完整。

②开始模拟。模拟运行时间与网格划分密度有关。

（3）分析处理。

①查看分析结果。PyroSim 软件为操作者提供了可视化的数值计算软件工具 Smokeview，利用它可以查看烟气及火焰传播情况。

②分析处理评估结果。

4.4.2　模拟结果与分析

密封圈火灾作为大型外浮顶储罐最常见的火灾模式，其对储罐的安全影响至关重要。以不同液位下的密封圈火灾模拟为例，研究液位对火焰扩散燃烧速度、热辐射情况的影响。

4.4.2.1　火焰蔓延

模拟得出的结果相对比如图 4.3 至图 4.5 所示。

图 4.3　60s 时储罐液位在 3m、11m 和 18m 的火焰蔓延

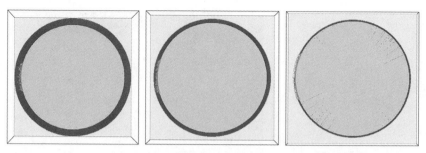

图 4.4　120s 时储罐液位在 3m、11m 和 18m 的火焰蔓延

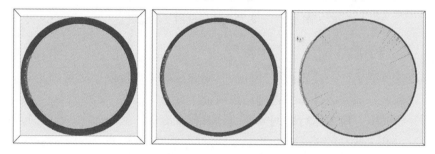

图 4.5　180s 时储罐液位在 3m、11m 和 18m 的火焰蔓延

　　根据蔓延的角度来表现密封圈火灾的蔓延情况，可以看出不同液位下密封圈火灾蔓延的速度是不相同的。为进一步探寻蔓延速度规律，根据已有的数据做出不同液位下蔓延角度随时间的曲线图，如图 4.6 所示。

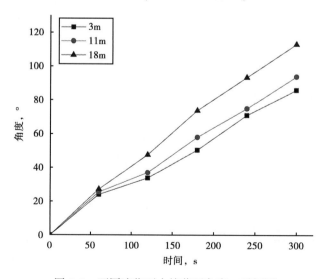

图 4.6　不同液位下火焰蔓延角度—时间图

4.4.2.2　热辐射情况

针对 3 种不同液位的模拟结果，选取距着火点垂直距离 1.5m、水平距离分别为 1m、2m、3m、4m 和 5m 的 5 处测点，查看热辐射情况，如图 4.7 至图 4.10 所示。

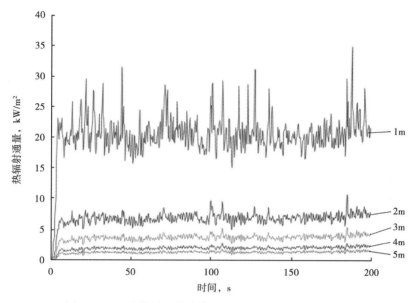

图 4.7　3m 液位时距着火位置不同距离处的热辐射通量

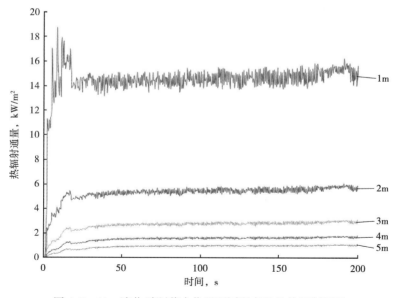

图 4.8　11m 液位时距着火位置不同距离处的热辐射通量

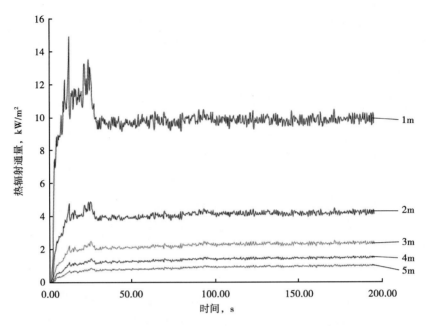

图 4.9　18m 液位时距着火位置不同距离处的热辐射通量

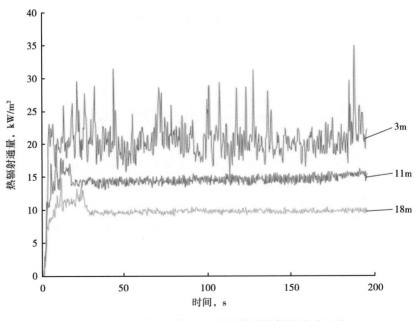

图 4.10　不同液位下同一位置处的热辐射通量对比图

3 种不同液位的储罐密封圈火灾，选择的 5 处位置中，只有在距离着火点 1m 的位置处，燃烧的热辐射通量对人体伤害超过可接受的最大限值 7.0kW/㎡，且热辐射强度随着距离的逐渐增加而减弱。

4.4.3 结论及应用

从火焰蔓延对比图可以看出，随着液位的升高，火焰蔓延速度逐渐加快。通过对 3 种不同液位下的热辐射通量进行对比得出：液位越低，同一位置处的热辐射通量值就越高，液位与热辐射通量成反比关系。

密封圈火灾一般只发生在罐顶边缘密封处，其燃烧面积小，火势较弱，油罐被破坏情况很少。发生火灾时，一般情况下只在罐壁与泡沫堰板之间的环形面积内燃烧。针对密封圈局部火灾，通常采取的灭火方案是集中兵力，启动固定灭火设施或者直接采用登顶灭火战术登罐灭火。《石油储罐火灾扑救行动指南》（GA/T1275—2015）中明确提出登顶灭火方法对于密封圈火灾的有效性：对于密封圈火灾或罐顶沟槽存在隐蔽火时，可适情利用罐梯或消防梯，在水枪掩护下，实施登顶作战，向着火部位喷射泡沫或干粉灭火；对近距离火灾扑救人员或登顶作战人员，应实施水枪掩护，并适时组织人员替换。

开展密封圈火灾模拟，火焰蔓延速度及热辐射分布情况，能够为消防官兵开展登顶灭火提供数据参考，减少人员伤害。

第5章　外浮顶储罐火灾应急技术

5.1　国内储油罐区火灾应急现状

5.1.1　罐区火灾应急现状

目前，中国50%以上的石油要从国外进口，石油战略储备安全是确保国家能源安全的重要措施。国家石油战略储备基地和商业石油储备库中单罐容积最大已达$1.5 \times 10^5 m^3$；单个储备库规模达数百万立方米；大型石油罐区域总容量达千万立方米。2020年以前，中国将陆续建设国家石油储备第二期、第三期项目，形成相当于100天石油净进口量的储备总规模。大型石油罐区的数量和储油总量逐步增加，因此大型石油罐区的安全性更加重要。

大型石油罐区多临海或临江而建，槽车、管道、油轮等运输设施密集，集中大量危险化学品，是典型高风险区域。一旦发生火灾、爆炸事故，就有可能形成连锁灾害事故，不仅对罐区内设施、环境、人员生命以及财产安全造成严重威胁，而且火灾、爆炸事故以及应急救援过程往往易引发大面积环境污染等次生灾害事故，给周边城市和环境的安全带来了较大风险。

近年来，随着中国石油化工行业的快速发展，罐区火灾应急管理水平有了很大程度的提高，消防应急救援能力得到了显著增强。但消防安全应急管理能力以及消防应急体系建设方面仍存在许多问题。

（1）罐区附属设备区域安全应急能力建设相对不足，未根据储罐及罐区事故场景进行针对性应急能力建设。

（2）罐区消防应急预警机制薄弱，对事故征兆探测分析以及预警能力不足，无法在事故发生前期进行预测预警和有效干预。

（3）大型罐区消防安全规划与应急处置技术力量建设相对滞后。由于缺乏大型罐区规划与消防安全应急力量建设标准与规范，罐区消防应急水平偏低，很难有效应对大规模突发事故灾害。

（4）大型罐区消防安全应急管理信息化程度低，信息沟通与共享不足，危险源及事故统计信息不完备，缺乏综合性的事故信息统计分析。

5.1.2　外浮顶储罐火灾应急现状

随着经济的高速发展，中国国内能源的需求量越来越大，大型外浮顶油罐容量和数量也随之增加。自 1985 年首次从日本引进 $10^5 \mathrm{m}^3$ 外浮顶储罐以来，目前中国最大的地上外浮顶储罐已达到 $1.5 \times 10^5 \mathrm{m}^3$。截至 2007 年，已建成的国家原油储备库拥有不低于 $10^5 \mathrm{m}^3$ 的外浮顶储罐多达上百座。

自 1985 年首次从日本引进 $10^5 \mathrm{m}^3$ 大型外浮顶储罐以来，大型外浮顶储罐的建造步伐逐年加快。尤其是进入二十一世纪以来，中国大型外浮顶储罐的数量和单罐容量明显增加。随着使用年限延长，近年来大型外浮顶储罐火灾事故呈现多发态势，也越来越暴露出在火灾应急方面的问题。

（1）大型浮顶储罐防火间距偏小。

中国大型浮顶储罐之间的防火距离一般取 0.4D（油罐的直径），而美国国家防火协会标准《易燃和可燃液体规范》（NFPA30）规定直径大于 45m 的浮顶油罐间距取相邻罐直径之和的 1/4。日本东京消防厅规定闪点低于 70℃ 的危险品储罐的间距取最大直径或其最大高度中的较大值。可见，中国大型浮顶储罐的罐间距相对偏小，在发生储罐全液面火灾或防火堤池火时，邻近储罐受着火储罐的火焰侵袭或热辐射影响较大，对防止储罐火灾事故升级不利。

（2）储罐防雷设置不完善。

浮盘与罐壁电气连接可靠是保证浮顶储罐安全运行、防止雷击起火的关键。在浮顶遭受雷击时，可靠的电气连接装置可将产生的大量电荷迅速导走，防止浮盘与罐壁之间放电。但是目前国内浮顶油罐浮盘导电措施主要是防静电和感应雷，而没有采取防直击雷的措施。大型浮顶油罐直径较大，依靠罐壁本身无法保护浮盘免遭直击雷。浮顶储罐密封圈内常存在处于爆炸范围内的可燃气，遭雷击后易发生起火爆炸事故。

从近几年国内大型浮顶储罐密封圈雷击起火事故看，储罐液位较高时，密封圈爆炸往往造成罐顶泡沫发生器和罐壁消防立管损毁，导致固定式泡沫系统功能受限。另外，爆炸点附近的泡沫堰板和呼吸阀等受爆炸冲击而翻倒或断裂，泡沫液无法全部流入密封圈内覆盖着火油面，致使密封圈火灾迅速蔓延，增加了密封圈火灾的扑救难度。

（3）防火堤密闭性能低、容量有限。

当前，国内罐区防火堤的不足之处主要表现在以下 3 个方面。

①防火堤耐冲击力低。

目前，中国的几个国家标准《石油库设计规范》《石油化工企业设计防火规范》和《油罐区防火堤设计规范》仅要求防火堤和隔堤能承受所容纳液体的静压，而未对耐受液体的瞬间冲击力提出要求。中国罐区大多数防火堤采用混凝土墙体，有些防火堤的主体还只是砖墙，其只能耐受溢油的静压，在遭受罐壁瞬间破裂油料快速溢出的冲击后会迅速坍塌。

②防火堤密封性差。从现场调研情况看，防火堤墙体存在裂缝缺陷的现象普遍存在，部分穿过防火堤墙体的管线与墙体交界面的密封明显失效。2005 年，英国邦斯菲尔德油库火灾事故中深刻反映出防火堤的裂缝在火焰持续作用下会造成防火堤完全失效。

③防火堤有效容积不足。日本消防法规定防火堤的有效容积不应小于防火堤内一个最大储罐容量的 110%，美国规范 NFPA30 规定防火堤的有效容积不应小于防火堤内一个最大储罐的最大泄放量。2008 年后的中国浮顶油罐组防火堤内有效容积由防火堤内最大储罐容量的 50% 提高为防火堤内最大储罐容量的 100%。但 2008 年前建设的防火堤内有效容积为防火堤内最大储罐容量的 50%，且绝大多数罐区未设置容量充足的事故存液池。在发生大量油品泄漏和全液面火灾情况下，防火堤难以保证泄漏油品和消防污水不溢至防火堤外侧。另外，从调研情况看，即使少数大型罐区设置了事故存液池，但是由于罐区的溢油导流设施和相应保护措施不完善，极易在导流过程引发地面流淌火。

（4）固定消防灭火系统整体可靠性低。

大型浮顶储罐都设置有固定消防灭火系统，且以之作为储罐火灾的首要处置手段。从现场抽查情况看，多数大型罐区的固定式消防系统在启动过程存在故障点，主要表现在管路阀门泄漏、囊式泡沫液储罐泄漏、管线内杂物堵塞泡沫发生器、罐壁冷却水喷淋头堵塞或缺失、喷淋管线裂缝等。此外，部分企业的大型罐区消防主管线分区阀门采用手动阀门，自动化程度较低。

（5）移动式消防力量有限。

当前，如何扑救大型储罐全液面火灾是国内外关注的难点之一，各国标准规范尚未给出明确的参考数据。但是，欧美、日本等国的石油公司实际上已按照扑救大型储罐全液面火灾的目标进行了移动式消防装备的配置。如日本要求直径超过 30m 的浮顶储罐必须至少配置 1 台流量超过 10000L/min 的大流量泡沫炮，并根据泡沫炮喷射和灭火试验结果给出了不同容积储罐的大流量泡沫炮配置参考标准：荷兰鹿特丹港口码头罐区、匈牙利国家石油公司等均配置了大流量、远射程的巨型泡沫炮。目前，国内大型罐区移动式消防装备的配置标准是扑救一般规模的储罐火灾，不具备扑灭大型储罐全液面火灾和群罐火灾的能力，消防人员也缺少这方面的经验和训练，与欧美石油公司有相当的差距。

中国大型罐区在扑救大型储罐全液面火灾方面的不足除了消防装备配置标准偏低外，还体现在罐区消防水与泡沫液的储量不足、消防泵和移动消防设备的供水能力不能满足扑救重大火灾事故的需要等。

5.2　国外储油罐区火灾应急现状

美国石油协会（API）对大型储罐防雷设计、沸溢保护控制、消防泡沫配备、防火堤设计等给出了参照规范和设计方法。

在防火间距方面，中国同美国、日本等国家相关标准存在一定差距。美国《易燃和可燃液体规范》（NFPA—2012）对防火间距给出了确切的解释，并且规范本身也有较为频繁的更新修订；日本基于本国多地震的现状，设置了 1 倍储罐直径的防火间距；欧洲则给出最小防火间距的建议并给出合理解释。

在防火堤及隔堤设计标准方面，美国、俄罗斯在防火堤介质、防火堤的密封设计、冲击载荷强度、有效容积、事故存液池等方面具有更高的标准，这对提高罐区消防能力无疑是重要的一环，其先进经验值得我们去借鉴学习。

消防冷却水系统对于火势的控制及罐壁的降温具有重要的作用，泡沫灭火系统对于扑灭初期火灾，将火势扼杀在萌芽之中具有重要作用。通过对比美国、法国、英国、日本、巴基斯坦等国家对 $10^5 m^3$ 大型原油储罐全液面火灾消防水用量、消防泡沫量，不同国家对于消防冷却水的要求也不尽相同。

俄罗斯、北美等国家和地区的储油罐防雷标准中，对浮盘与罐壁等电位连接、电气仪表和防雷系统维护等方面进行技术差异分析，发现等电位连接是油品储罐防雷的重要基础。对原油这类爆炸极限极低的油品来说，储罐防雷显得格外重要。据国际媒体报道，1951—2003 年每年发生了 15~20 起石化储罐火灾事故，其中 31% 因雷电破坏引起，这提醒我们要更加重视罐区防雷安全。

5.3　火灾风险的防范技术

大型油品罐区的全过程火灾风险防范体系，包括罐区评估规划、罐体本质安全化设计、罐区火灾预防与扑救、罐区火灾事故管理等 5 个方面。

5.3.1　罐区评估规划

大型浮顶罐区评估规划是指基于区域性火灾风险评估分析，合理规划罐区及罐区储罐布局。其主要涉及罐体防火间距、防火堤容积、罐区消防给排水配置和周邻安全距离等，以评估储罐多米诺事故影响，合理确定罐区火灾风险容量，优化罐区整体布局。罐区消防规划主要包括防火隔离带和疏散避难设施及防灾缓冲区设置、罐区消防给排水、监控预警及消防通信等。常用的消防安全规划方法主要有安全距离法、基于后果的方法、基于风险的方法和半定量方法 4 类。

5.3.1.1　罐体防火间距

防火间距是指在火灾状态下，相邻储罐保持安全状态的最小距离。油罐的类型和密封设施状况，直接影响防火间距的大小。储存介质的物理化学性质及火灾危险等级，也要影响防火间距的大小。防火间距的规定值则需考虑发生火灾时的火焰高度及辐射热强度、火焰可能的拖曳角度和长度的影响。选择合理可行的防火间距对于储罐区的安全运行具有重要作用。罐体的防火间距过大会极大地提高原油储备工程建设的成本，防火间距过小则会增加储罐间火灾蔓延的风险，给原油储备的安全运行埋下巨大隐患。

中国的储罐防火间距规定是作为强制性标准提出的。国内规范《石油库设计规范》（GB 50074—2014）、《储备库设计规范》（GB 50160—2008）、《石油化工企业设计防火规范》（GB 50737—2011）均对大型外浮顶储罐的防火间距提出了要求。同一个地上储罐区内，相邻罐组储罐之间的防火距离，应符合下列规定。

（1）储存甲B、乙类液体的固定顶储罐和浮顶采用易熔材料制作的内浮顶储罐与其他罐组相邻储罐之间的防火距离，不应小于相邻储罐中较大罐直径的1.0倍；

（2）外浮顶储罐、采用钢制浮顶的内浮顶储罐、储存丙类液体的固定顶储罐与其他罐组储罐之间的防火距离，不应小于相邻储罐中较大罐直径的0.8倍。

5.3.1.2 防火堤安全设计

前文中针对防火堤的有效容积、防火堤的高度、距储罐的距离、防火堤的选型、防火堤的防渗进行了介绍，在此不再赘述。

5.3.1.3 罐区消防水灭火系统

前文中对罐区的消防给水系统进行了介绍，在此不再赘述。

5.3.1.4 火灾多米诺效应风险分析

对于储罐区来说，火灾多米诺效应主要通过两种事故场景发生：一种是火焰直接包围或接触目标设备而引发事故，另一种是远距离火灾的热辐射造成目标设备失效而引发多米诺事故。研究表明，通常一旦发生第一种场景火灾，肯定会发生火灾多米诺效应；对于储罐区的防火间距来说主要是预防第二类场景下的火灾多米诺效应。

5.3.1.5 监控预警及消防通信系统设计

将计算机在线监控、信息传输等技术应用于大型外浮顶储罐区安全监控和预警设计中，对提高罐区安全系数、增强系统应急处理能力，及提高其自动化管理水平，具有良好的经济效益和社会效益。

储罐区安全监控预警系统的建设整体上采取B/S架构。监控现场采用基于现场总线的安全相关系统设计，由传感器、逻辑运算器和最终的控制单元（执行器）以及上位机和网络通信系统组成，同样具有远程访问接口；远程监控中心通过专网或Internet，经过网络授权管理，可随时查看储罐区的现场情况。

考虑到监控对象的安全特性、监控空间和功能需求，每个储罐区现场监控系统设计为集中监控报警系统，即多个区域系统与上位机联网形成功能丰富的安全监控预警系统。储罐区现场监控系统由监控预警主机、报警装置、多屏监控台、数据服务器与网络设备、传感器和摄像机等组成。

5.3.2　本质安全化设计

随着外浮顶罐广泛应用于各类商储油库和输油站队，日常管理中由于人的违规操作、自然雷击及静电打火等引发的安全事故，不仅会带来巨大的经济损失，还会造成人身伤亡。因此，对外浮顶储罐进行本质化的安全设计，能够从根本上预防事故的发生，降低不必要的人员伤亡和财产损失。

大型浮顶罐本质安全化设计是指规范化储罐设计、安装及验收标准，采用先进的浮盘密封和防雷技术措施，降低静电、违规操作等引发火灾的风险，提高罐体及库区本质安全等级。油罐大型化发展导致罐体焊缝越来越长，增大了油罐基础发生不均匀沉降和焊缝破裂的概率。同时，由于含硫原油，特别是高含硫原油的增多，油罐腐蚀也越来越严重，油品泄漏的隐患增大。针对这些问题，应采取本质安全化设计。合理的防火间距设计也是减少火灾蔓延的本质安全化体现。油罐一次密封和二次密封部件、油罐搅拌器、浮盘的电气连接和盘梯等，附件的可靠性设计对储罐日常安全运行也起到关键作用。采用耐冲击的防火堤，或提高罐组周围路面的高度来作为油罐组的第二道防线，可降低油料大量泄漏而防火堤被冲毁风险。此外，建议对工艺过程和设备设施进行 HAZOP 分析，杜绝火灾隐患和减少设计缺陷。

5.3.2.1　防雷防静电技术

前文中对防雷防静电进行了介绍，在此不再赘述。

5.3.2.2　惰性气体充装技术

目前，外浮顶油罐密封结构主要采用一次密封和二次密封。在一次、二次密封之间的环形油气聚集空间的可燃气体，主要成分是甲烷、乙烷、丙烷及丁烷等。当罐壁挂油或实施收发油作业时，一次、二次密封间可燃气体的浓度经常接近或超过可燃气体的爆炸下限。如果遇到雷击、静电产生的火花，可能引起可燃气体燃烧和爆炸，严重威胁油库的运行安全。结合大型外浮顶油罐的结构特点，采用实时气体分析系统与主动惰化保护系统相结合的闭环控制方式，设计大型油罐主动安全防护系统。

根据着火三要素（点火源、可燃物、氧气），只要能去掉一个因素，着火就不能发生。点火源雷击属自然现象，空气属自然环境，可燃物油气是油罐密封处泄漏出来的。前两者无法控制，但后者采取技术措施是可以人为控制的。只要把浮盘堰板与罐壁间油气浓度降到着火浓度以下，同时将一次、二次密封间油气采用真空吸出并补入氮气保护，就可以清除雷击着火的必要条件。根据这一原理，设想在大型外浮顶罐二次密封上部加一套氮气保护系统，在雷雨来临前，将二次密封上部堰板与罐壁间的可燃气浓度稀释到爆炸极限以下，即使发生雷击放电也不会着火爆炸。在一次、二次密封间加一套真空抽气系统，将一次、二次密封间的油气抽出排至防火堤外大气空间。若有条件引入油气回收系统更好。真空抽气系统在抽出一次、二次密封间的可燃气时使此处产生负压，此时二次密封上部的保护氮气随时补充进来，一次、二次密封间的气体就不会排向堰板与罐壁之间。另外，考虑到极端情况，万一雷击时浮盘密封处着火，在氮气保护系统增设 3 支泡沫灭火枪，在氮气保护系统罐外底部增设与泡沫灭火系统连接的快速接头，可实现点对点快速灭火。

5.3.2.3 防腐技术

在石油储罐中，内表面腐蚀最为严重，且主要表现在原油储罐。腐蚀部位以罐底为主。腐蚀主要是因为石油产品中含有的大量硫化物和氯离子，如硫醇、硫醚、硫化氢、多硫化物、单质硫等。石油储罐内表面腐蚀种类主要有微电池腐蚀、积水中的二氧化硫腐蚀和硫化氢腐蚀。因此，为保证储罐长期安全运行无泄漏，对防腐设计应予以充分考虑。

一般的防腐技术有两种：一种是常见涂层防腐，另外一种则是阴极保护技术。涂层防腐对金属防护主要起隔离和缓蚀作用。部分涂料采用比铁活性高的金属作填料（如锌），起到阳极保护作用，以减缓腐蚀。阴极保护也是一种对金属防护十分有效的电法保护技术。阴极保护较为简便，相对经济效果良好，应用广泛，可以防止某些金属局部腐蚀，如点蚀、应力腐蚀开裂、腐蚀疲劳等。

（1）涂层防腐。

防腐层基本性能要求设计中对防腐层的选择与确定，主要从下面几个方面来考虑。

①良好的耐水性和化学性稳定性。防腐层本身长期浸入电解质溶液中，不发生化学分解而失效或产生会腐蚀管道的物质。

②足够的机械强度和韧性，抗冲击、抗弯曲、耐磨等机械性能，才能不至于因施工过程中的碰撞或敷设后受到不均衡的土壤压力而损坏。

③有效的电绝缘性。有足够的耐压强度（击穿电压）和电阻率，埋地管道外防腐层绝缘电阻一般不应小于 60000Ω。

④与金属有良好的粘结性。

⑤良好的抗阴极剥离性能。

⑥较好的抗老化性和耐温性。

⑦防腐层材料及施工工艺对被涂敷的母材不应有不良影响。

⑧在地面储存、运输期间具有良好的性能稳定性。

⑨具有良好的易修复性。

⑩在施工及使用中对环境无害。

（2）阴极保护。

根据所确立的阴极保护方案，决定选取或测试选取保护参数，包括电流密度、保护面积以及由此计算出保护电流量、保护电位、保护系统的寿命等。由此设计出阴极保护系统的各部分技术设施的规格和技术指标等，并进行理论计算。

①外加电流阴极保护：外加电流阴极保护又称强制电流阴极保护。它是根据阴极保护的原理，用外部直流电源作阴极保护的极化电源，将电源的负极接被保护构筑物，将电源的正极接至辅助阳极。在电流的作用下，使被保护构筑物对地电位向负的方向偏移，从而实现阴极保护。

②牺牲阳极阴极保护：在腐蚀电池中，阳极腐蚀阴极不腐蚀。根据这一原理，把某种电极电位比较负的电极材料与电极电位比较正的被保护金属构筑物相连接，使被保护金属构筑物成为腐蚀电池中的阴极，实现牺牲阳极阴极保护。为了达到有效保护，牺牲阳极不仅在开路状态有足够负的电位，而且在闭路状态有足够的工作电位。这样，在工作时即可保持足够的驱动电压。

③直流排流保护：将管道中流动的直流杂散电流排出管道，使管道免受电蚀的方法称为直流排流保护。依据排流接线回路的不同，排流法分为直接、极性、强制、接地4种排流方法。

④交流排流保护：将管道中流动的交流杂散电流排出管道，使管道免受电蚀及损坏，避免在管道上施工作业的人员遭受电击的方法称为交流排流保护。目前，最有效的是钳位式交流排流法。

5.3.3　罐区火灾预防

罐区的火灾预防技术措施主要包括火灾预测预警系统、可燃油气浓度探测、油料泄漏探测、液位温度监测、防雷预警技术和快速切断堵漏技术等。

5.3.3.1　火灾预测预警系统

为了提高针对储罐区、库区和生产场所的本质安全技术水平，降低危险源或隐患引发事故的危害程度，中国近年来陆续颁布了《易燃易爆罐区安全监控预警系统验收技术要求》（GB 17681—1999）、《危险化学品重大危险源安全监控通用技术规范》（AQ 3035—2010）以及《危险化学品重大危险源罐区现场安全监控装置设置规范》（AQ 3036—2010）等系列标准，要求危险化学品重大危险源场所必须设有独立的安全监控预警系统，并对监控预警系统设置、施工以及验收进行了规定。目前，广泛应用的监控预警系统主体框架结构如图5.1所示。其主要利用自动检测与传感器技术以及计算机仿真、计算机通信等信息技术手段，对危险区域的关键工艺、设备的状态参数进行监测。一旦参数发生变化或超出临界值，系统会发出警示信号，紧急情况下进行联动应急控制。其关键技术主要由传感器、二次检测仪表、逻辑控制器、执行机构、报警设备以及工业数据通信网络等仪表和设备组成。通过监测分析工艺、设备的液位、温度、湿度、压力、流量、阀位、火焰、可燃及有毒气体、风向和风速等参数，并由智能故障诊断和事故预警软件系统进行数据分析以确定现场的安全状况。同时配备联锁装备，为在危险出现时采取相应措施，实现自动预警、联网声光报警、监控信息显示、控制、数据传输以及安全数据或状态记录储存等功能。

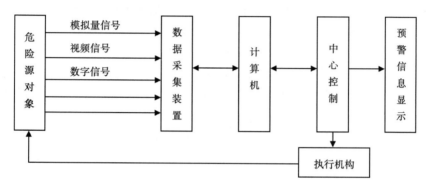

图 5.1　重大危险源监控预警系统主题框架

5.3.3.2　油料泄漏检测技术介绍

（1）无损检测技术（non-destructive testing technique）。该技术就是利用声、光、磁和电等特性在不损害或不影响被检对象使用性能的前提下，检测被检对象中是否存在缺陷或不均匀性，给出缺陷的大小、位置、性质和数量等信息，进而判定被检对象所处技术状态（合格与否、剩余寿命等）的所有技术手段的总称。

（2）声发射技术（acoustic emission technique）。作为检测技术起步于 20 世纪 50 年代的德国，其最开始将该技术应用于材料的研究。将其作为一种动态无损检测方法应用于无损检测领域，国外开始于 20 世纪 60 年代；我国则于 10 年后开始应用此项技术。近年来，声发射技术在油库油料泄漏检测中的应用越来越多，其基本原理是：一旦油罐发生泄漏，泄漏部位会不同程度地释放出应变能，因此产生声发射信号。利用声发射传感器采集声信号，再通过上位机对采集的声信号进行分析、转换、处理，即可判断是否有泄漏，并获知泄漏程度。

（3）统计物料平衡方法（statistical inventory reconciliation）。该方法是一种典型的基于储运过程采集参数的泄漏检测方法。它基于历史库存数据控制，通过对一系列的油罐日常存储以及收（发）油记录进行统计分析，监测油罐内油品的体积、压力、温度、质量等参数的动态变化规律，利用统计学的方法分析判断油罐是否发生泄漏。该方法一般都与专业的计算机软件相对应，通过分析油罐在一段时期内的库存、发油、计量数据判断储罐是否发生渗漏。

除了上述能够在储油状态下对油罐渗漏进行检测的技术和系统以外，真空试漏法、气体检测法、氨气渗漏法、煤油试漏法等技术也都在油罐腐蚀及渗漏检测方面有较多应用。

5.3.3.3　防雷预警技术

雷电预警防护装置可实时监测变压器上空的大气电场强度（雷云的电荷在空中产生了一个电场，随着电荷的增加，电场强度也会加强。当电场强度达到一定强度时击穿空气放电，这就是雷击）变化。当电场强度达到将要放电的强度时，装置发出报警信息，控制开关断开总电源，设备自动转为电池供电。雷击后，电场强度逐渐降低，结束报警，控制开关接通总电源，正常供电运行。

安装雷电预警系统后，在雷电来临之前，电场仪可以对范围内的闪电进行预警，相关生产部门收到预警信息之后可以提前采取必要的防护措施，如关闭仪器仪表、告知相关人员不要在易受雷击的区域逗留等。这样将能够大大地降低因雷击对人员生命财产造成的损失。

5.3.3.4　快速切断堵漏技术

从 1927 年弗曼奈特公司的成立到 1928 年注剂式带压密封技术的出现，封堵技术在之后得到了飞速发展。1956 年以后，适用于各种泄漏部位的处理处置方法和相应密封注剂相继研制成功并日趋完善，注剂式带压密封技术的发展也有了由中低温到高温高压的飞跃式进步。20 世纪 70 年代中期，超高温和超低温动态密封方法也涌现出来。1972 年后，该项技术的服务范围已经跨出了英国国境并向世界各国扩散。到了 20 世纪 90 年代，该技术已经占领市场，并开始进行强化实用性研究。即使是在强腐蚀介质发生泄漏的动态条件下，这项技术也能很好地加以应用。

5.3.4　罐区火灾扑救

外浮顶罐区火灾扑救主要是针对密封圈火灾、防火堤火灾、全液面火灾及沸溢火灾等不同的火灾场景，结合消防灭火设施装备，制订有针对性扑救战略战术。

5.3.4.1　密封圈火灾扑救

密封圈火灾是外浮顶储罐最常见的火灾模式，固定泡沫灭火系统就是按发生环形密封区火灾来设防的。密封圈火灾扑救主要注意以下几点：

（1）优先使用固定泡沫灭火系统进行灭火。若固定灭火系统失效，可使用移动式或手提式灭火设备。

（2）由于消防炮很难将泡沫准确输送至密封圈着火部位，且消防炮的流量很可能造成浮盘倾覆，因此不建议使用消防炮来扑救密封圈火灾。

（3）扑灭外浮顶罐密封圈火灾应首先开启浮顶排水系统。

（4）推荐采用消防队员登顶灭火方法，配合移动泡沫枪进行灭火。

（5）若仅有密封区着火，通常不会发生沸溢事故。若浮盘大面积损坏或沉没形成大面积池火，则很有可能发生沸溢。

外浮顶储罐密封圈火灾初期实施灭火，其主要方式可以概括为以下3点：

（1）固定泡沫灭火设施完好可用时，立即启动固定泡沫灭火设施实施灭火，同时组织消防人员利用罐外盘梯登至罐顶平台或浮盘上，进行近距离快速灭火。

（2）固定泡沫灭火设施出现故障无法使用时，利用半固定泡沫灭火设施、消防车直供泡沫混合液对密封圈进行灭火，同时组织消防人员利用罐外盘梯登至罐顶平台或浮盘上实施强攻灭火。

（3）在固定、半固定泡沫灭火设施皆无法使用的情况下，应立即在上风方向组织消防人员利用罐外盘梯攀登至罐顶平台或浮盘上，进行强攻近战快速灭火。喷射泡沫灭火剂时，要将泡沫最大限度地喷射到泡沫挡板与罐壁之间的环形密封区域内，充分发挥泡沫覆盖的灭火效能。

5.3.4.2 全液面火灾扑救

扑救全液面火灾成败的关键在于是否有足够的泡沫供给能力。

全液面火灾规模大、控制难，泡沫混合液供给强度要求高，在实际灭火工作中，应做好长时间作战的准备。由于火灾现场环境和天气条件存在变化可能，在制订和实施灭火方案时应针对可能发生的突发情况、极端情况进行准备，避免出现泡沫中断等事件而导致灭火工作前功尽弃。当消防力量充足时可进行灭火操作，并在火灾扑灭后继续对罐内泡沫进行补充，防止罐内油料因泡沫逐渐消减变薄发生复燃。当消防力量不足时，应采取冷却罐壁、控制燃烧的措施，在避免事故扩大的前提下放任罐内燃料燃尽。

5.3.4.3 防火堤池火灾扑救

扑灭储罐火灾时，应首先将防火堤内的火扑灭。这样做可保护储罐管路、阀门等，并避免管道破裂造成更多的油品泄漏。此外，扑灭防火堤内火可保护固定灭火系统的管线，避免固定灭火系统失效。如果泄漏到防火堤的油品较多，为保证人员的安全，即使防火堤内火灾已被扑灭，也应禁止消防人员进入防火堤内。

扑救储罐周围防火堤内地面火灾时，应采取下列战术措施：

（1）利用固定或半固定消防喷淋系统、消防车、移动炮等对防火堤内受火势直接威胁的储罐及其邻近罐罐壁实施冷却；

（2）截断泄漏油品的管线，减少地面火灾燃料的补充；

（3）关闭防火堤内所有的排液阀、罐顶排放阀和水垫层排放阀，防止油品或火灾的蔓延。

5.3.4.4 沸溢火灾扑救

沸溢火灾发生时，若不能在短时间内扑灭，应立即将火场内不必要的人员和设备撤离现场，通常可能需疏散到600m以外。若储罐直径大，则需疏散到更远的地方。沸溢火灾发生后，对着火储罐扑救的难度非常大，消防人员通常会选择放任罐内燃料燃尽的方法，同时对邻近的储罐罐壁进行冷却降温，避免火灾扩大。

灭火之后需要同样警惕沸溢事故的发生。这是由于热波层可能会继续下降，当达到水垫层时仍可能有足够的热量造成沸溢。此时发生沸溢仍然会对人员造成伤害，一旦遇到引火源可能会再次形成火灾。

5.3.5 罐区火灾事故管理

罐区火灾事故管理主要是火灾事故管理系统和应急救援指挥系统，也涉及罐体的安装运行维护规程、泄漏检测和清罐操作要求以及火灾防范指南等。

5.3.5.1 火灾事故管理系统

罐区火灾事故管理系统涉及设备设施调查统计、潜在事故类型描述、现有消防力量评估、火灾预防及扑救策略、基于火灾场景的扑救预案和制订灭火药剂供给计划等，火灾事故管理基本程序如图 5.2 所示。其中，火灾扑救消防力量评估主要包括消防水源评估、泡沫供给评估和可用扑救时间评估 3 类。

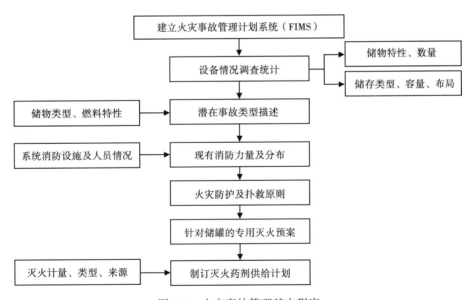

图 5.2 火灾事故管理基本程序

5.3.5.2 应急救援指挥系统

（1）概述。

事故应急救援指挥系统是一套指挥、控制和协调应变的工具，也是为整合各应急单位，以达到稳定应急状况、保护生命财产和环境安全的一种方法。

从功能角度看，应急救援指挥系统是在整合区域或企业内各种应急救援力量和资源的基础上建立起来的高度智能化的综合应急救援体系，集监测监控、预测预警、风险评估、动态决策、应急联动、指挥调度以及日常应急管理于一体。从技术角度看，应急救援指挥系统是集通信、计算机、网络、地理信息系统、全球定位系统、视频监控、数据库与信息处理等多种技术为一体的通信指挥及管理集成技术平台。从管理角度看，应急救援指挥系统是企业及相关部门为事故灾难区域提供综合应急服务和紧急应急支援的沟通平台。

应急救援指挥系统充分整合现有应急资源，依靠高新技术，实现应急信息的集中管理、应急救援的科学决策和事故灾难的统一联动，利用现代化信息技术提高事故灾难综合应急能力。

应急救援指挥系统的优越性从功能的实现来看，可以归结为 3 点。

①应急救援指挥系统使事故灾难的接警和出警更加准确和快速，大大缩短了事故灾难的应急响应时间，有利于抓住应急救援的关键时机。

②应急救援指挥系统使分散的应急信息和资源得以互联和共享，可以快速为应急现场提供必要的决策支持信息。

③应急救援指挥系统可形成地区、企业不同部门和不同救援力量之间的分治状态，在紧急状态下可保证多种应急救援力量的统一指挥、协调救援，真正实现事故灾难的社会应急联动。

此外，从信息技术角度看，应急管理信息的收集除了可通过人工采集（键盘输入）外，还可使用其他计算机设备或检测设备实时获取，并有助于提高应急信息的规范性。大容量的计算机存储设备及数据库技术为日益庞大、复杂的应急救援信息提供了必要的存储空间及安全可靠的管理。依托计算机网络的应急救援指挥系统使应急救援信息能够高速传送，真正实现无地域、无时空限制的信息与资源共享，极大地方便了组织内部与组织之间的相互交流。计算机强大的运算能力以及相应的软件为数据处理及应用提供了灵活、有利的手段。

（2）应急平台介绍。

信息化是促进当今社会发展的重要推动力。随着计算机及信息技术的广泛应用，在应急救援领域使用现代化信息技术辅助日常应急管理和事故灾难应急响应将成为必然的发展趋势。应急平台就是利用计算机和网络通信等现代化信息技术构建起来的，能够实现应急信息的集中管理、应急救援的科学决策以及事故灾难的统一联动，保证日常应急管理和战时应急响应的顺利进行，为有效预防事故灾难和快速开展应急救援行动提供坚实的技术支撑平台。

应急信息平台建设主要可以包括以下几个方面。

①建立统一的应急指挥通信平台，以实现对各类事故灾难应急救助电话的统一接警，"统一接报、分级处置"。

②建立横向互联与纵向贯通的事故应急平台，通过与各企业、各部门的信息互通和资源共享，围绕应急预案体系的实施，服务于各应急职能机构。

③建立一体化的应急技术标准体系和应急数据中心，为应急日常管理、应急响应、指挥调度和决策分析提供信息支撑，使离散化的数据库和应急信息资源实现真正的互联和共享。

（3）应急平台技术。

不同级别、不同运作模式的应急信息平台在建设规模和功能设计上会有所不同，但其运作一般要求建立以下技术支撑体系。

①计算机网络系统。包括局域网络、广域网络、无线访问网络等。

②应急救援数据共享平台。包括基础应急信息、专业应急数据库、基于空间位置的应急预案库、应急决策支持数据库等，以实现对事故灾难应急救援指挥的信息决策支持。

③集成通信调度系统。包括无线通信、有线通信和无线数据通信，集成综合语音通信调度台，实现应急指挥中心与一线应急作业人员之间的语音通信。

④集成的视频显示体系。包括视频会议、视频监控及大屏幕显示等功能，为应急指挥中心提供对监控点图像、GIS 系统信息、GPS 系统信息的调用和集成显示。

⑤支持决策的地理信息系统。统一标准建设共享的基础电子地图，实现基础信息和各类应急管理专业信息基于统一地图的可视化显示，并动态更新。

5.4 灭火战术方法及火灾应急技术

5.4.1 灭火战术指导思想

灭火，即扑救火灾，是贯彻"预防为主，防消结合"的消防工作方针的一个重要方面。火灾发生后，必须立即组织力量投入火场，救助遇险人员，排除险情，扑灭火灾。这是发生火灾的单位的义务，也是消防队伍的主要任务。为了合理、有效地组织和使用人力、物力实施灭火战斗，必须研究灭火战术。

《公安消防部队执勤条令》中明确提出："公安消防部队执行灭火与应急救援任务，应当坚持'救人第一，科学施救'的指导思想，按照'第一时间调集足够警力和有效装备，第一时间到场展开，第一时间实施救人，第一时间进行排烟降毒，第一时间控制灾情发展，最大限度地减少损失和危害'的要求，组织实施灭火与应急救援行动。"这一表述揭示了灭火战术指导思想的基本内容和要求。

（1）救人第一。

火场救人是消防队伍首要任务。救人重于灭火，先救人后灭火，是灭火战斗行动必须遵循的指导思想。无论在任何情况下，只要火场上有人受到火势威胁并有生命危险时，必须集中必要的兵力、器材装备抢救人命，在保证救人的同时，部署兵力控制火势，消灭火灾。因此，研究灭火战术，就必须研究火场上救人的基本原则和方法。

（2）以快制快。

以快速的战斗行动制止火势蔓延，在扑救石油化工、易燃易爆物质火灾中，这点尤为重要。快速的作战行动表现在以下几个主要战斗环节。

①接警快。这是作战行动的首要环节。同时也制约着以下各个环节。电话员必须熟悉业务，以熟练的技术动作在最短的时间内，准确地处理报警电话。

②出动快。这是灭火战斗行动的重要环节。指战员必须保持常备不懈，听到出动信号必须按照现定着装登车。值班队长检查登车情况，宣布出动命令，消防车驶离车库时间不得超过一分钟。

③向火灾现场行驶快。消防队人员应当迅速、准确、安全地赴火场，这是迅速抢救人命，控制火势的关键。指挥员必须明确火灾的地理位置，选择最佳行车路线；驾驶员必熟练掌握行驶技术，迅速安全到达火场。

④火情侦察、判断情况快。指挥员到达火场，要迅速组组力量进行火情侦察，从各方面收集火场信息，并根据情况作出正确的判断，这是迅速提出战斗部署的前提。

⑤战斗展开、占领阵地、向火点进攻快。要选择最佳的进攻路线，利用有利地形地物，占领最优的阵地，迅速准确地射水，以最快速度控制火势，消灭火灾。

（3）集中兵力。

接到报警，立即将第一出动和增援力量迅速集中调到火场，根据需要向火场调集必要的装备器材和灭火剂，同时组织好火场的通信联络，使火场上有充分的兵力和作战物资，保证迅速消灭火灾。

所谓第一出动，就是在接到报警时，按照灭火作战计划或根据报警人提供的情况，第一批投入灭火的力量。在灭火作战计划中，加强第一出动是一项重要的内容，它是在估计扑救初期阶段火灾或控制中期阶段火灾所需要最大限度的灭火力量的基础上提出的。一般情况下，应按照预定计划的数量，适当加强第一出动力量。第一出动力量在增援力量到达之前，能够担负起抢救或保护受火势直接威胁而有生命危险的人员的任务；能够为组织抢救人员工作创造必要的条件；在增援力量到达之前，能够控制中期火灾；能够排除或防止发生爆炸。

为了有效地扑灭火灾，还必须适时调集增援力量。大多数灭火战斗中都有增援队伍参加战斗。调集增援力量，要根据火场实际需要集中调集，同时担负起下列任务：配合第一出动积极抢救人命；在第一出动力量进行灭火战斗的基础上，对火势实施包围、合击、夹攻、穿插等战术措施，消灭火灾；设置第二、第三道防线防止火势蔓延；从远距离向火场供水；疏散物资；作为火场上的机动力量。

（4）控制灾情。

集中兵力于火场是快速控制灾情的物质基础。

周密的灭火作战计划、充分的作战准备是控制灾情的重要条件，消防队应对责任区进行调查研究，制订好灭火战斗计划；加强执勤备战和教育训练，配备好必要的装备器材。消防队在接到报警后，必须在较短的时间内，根据火场的需要，将兵力、装备器材集中到火场和火场的主要方面。根据石油、化工火灾的特点和现有装备，及时将各种有生力量调集到火场。并保证有充足的灭火剂，使火场上既有堵截控制火势的力量，又有包围火点消灭火灾的力量，还有应付意外情况的力量，始终保持灭火力量的优势和主动。实施连续作战，力求迅速消灭火灾。火场指挥员在指挥灭火战斗中，要组织各级消防队、群众义务消防队协同作战，充分发挥各种灭火力量的作用。

5.4.2　灭火战术方法

灭火战术方法，是进行灭火战斗的基本原则和方法。它的基本内容包括堵截、夹攻、合击、突破、分割、围歼，是实现快攻、近战，控制火势，消灭火灾的重要方法，是实现灭火战斗目的的手段。

（1）堵截。

堵截，就是对火势进行堵截，控制火势发展，防止蔓延。在堵截的基础上，包围火点，积极进攻，消灭火灾。它的基本点是积极防御和主动进攻相一致。堵截是消灭火点的前提；进攻消灭火点，是堵截的继续和发展。只有进行有力地堵截，才能有效地消灭火点。堵截战术是根据火势发展的客观规律提出的。

火灾发生以后，火势由起火点向外扩展，有时可能同时向几个方向蔓延。堵截就是与蔓延的火势针锋相对，阻止火势蔓延扩大：有时从切断火势蔓延的路线进行堵截，有时从火势蔓延的主要方向进行堵截，有时从几个方向堵截。例如，石油化工厂房着火，堵截向装置设备蔓延的火势；装置设备着火，堵截向厂房蔓延的火势；气体、液体管道着火，从火势蔓延的方向，切断火势蔓延路线；建筑物着火，从火势蔓延的主要方向堵截等。首先在火势蔓延的主要方向部署兵力，堵截火势，不使其继续蔓延扩大；而后，再部署兵力从其他方面包围火点，主动进攻，直至最后彻底消灭火灾。

（2）夹攻。

夹攻，就是对火势进行两侧或内外同时攻击火点，进而控制火势，消灭火灾。夹攻战术，是针对扑救建筑物火灾提出的，已被证明是行之有效的战术。

建筑物火灾，有的是建筑物本身着火，也有的是建筑物内部的可燃物资、设备着火。无论哪种情况，经过一定时间的燃烧，都可能造成建筑物、可燃物资、设备火灾互相蔓延。当火势突破建筑物外壳后，由于与大量空气接触，燃烧更加猛烈，蔓延速度加快，并开始转为内外同时燃烧蔓延。扑救这种火灾，如果只从内部进攻或从外部进攻，都难以达到迅速消灭火灾的目的。只有抓住有利时机，根据火势的具体情况，在建筑物的内部和外部同时部署力量，向火点进攻，才能有效地控制火势，消灭火灾。

(3) 合击。

合击，是指上下合击，就是在火点的上部和下部部署力量，形成上下堵截的态势，防止火势向上蔓延和向下发展，上下合击消灭火灾。合击战术，是针对石油化工生产装置、竖向管道以及楼层等火灾提出来的。

石油、化工生产装置的釜、塔和管线林立，分为若干层，各层通过楼板孔洞、楼梯等互相连通。某一层装置着火，由于物料跑冒滴漏，上、下层会同时起火，进而形成立体燃烧。扑救这类火灾，应采取立体作战形式，运用合击战术。当有爆炸危险的着火装置未发生爆炸时，应首先部署力量冷却装置，防止爆炸；在上层部署力量防止火势蔓延；在楼板孔洞、楼梯间等居高临下喷射灭火剂，消灭火点和冷却生产装置；从下部部署必要的力量，扑灭下层的火焰。上下合击，防止爆炸，控制火势，消灭火灾，保护设备。

(4) 突破。

突破，就是在火场的主要方面选准突破点，强行进攻，完成比较艰巨的抢救任务。消防队在灭火战斗中，为了抢救人命、排除险情、保护要害部位，必须组织精干力量，使用有效的装备和灭火剂，在水枪射水掩护下，从选准的突破点强行进攻。

如果火场上烟雾封锁了人员的撤退路线并威胁到人员的生命安全时，应部署力量，组织必要数量的水枪，向烟火猛烈射水，以强有力的水流突破烟火的封锁，消除火势的威胁，掩护救人。

如果火场有发生爆炸的危险，如存有爆炸物品、压力容器、锅炉等设备时，要选用精干力量，组成抢险突击队，选准突破口，迅猛突击，抢在发生爆炸之前，排除爆炸危险，为灭火战斗创造有利条件。

扑救大面积燃烧的火灾时，在控制火势的前提下，为了迅速消灭火灾，应组织突击力量从选准的突破口，开辟进攻路线，分割包围火点，为逐片消灭火灾创造条件。

扑救地下室火灾，要由精干的指战员组成突击队，穿戴好防护装具，突破浓烟、高温的封锁，接近火点，完成救人、侦察和灭火任务。

(5) 分割。

所谓分割，就是对大面积火灾，可燃、易燃液体流散燃烧的火灾等进行穿插分割，而后逐一消灭。穿插与分割是相辅相成的。只有实施穿插，才能达到分割的目的。

易燃、可燃液体流淌燃烧，可以利用凸凹的地形或借助土堤等条件，进行分割包围，而后逐片消灭火。

（6）围歼。

所谓围歼，就是包围火点，消灭火灾。围歼是堵截的继续和发展，在堵截的基础上实施围歼，不使火势蔓延扩大，并迅速予以消灭。

对于向一个方向蔓延的火势，必须从火势蔓延的主要方向进行堵截，而后从两侧实施合围，一举消灭火灾。

对于同时向两个或两个以上方向蔓延的火势，在兵力满足需要的情况下，首先进行包围，阻止火势向外蔓延扩大，而后予以彻底消灭。

对于大面积燃烧或楼房多层燃烧的火灾，在分割成若干片（层）的基础上，进行逐片（层）围歼。分割和围歼是互相联系的，只有进行分割，才能实施围歼。因此，运用围歼战术时，要和分割紧密配合。

总之，堵截、夹攻、合击、突破、分割、围歼灭火的基本战术不是孤立的，而是有机联系的。在实际灭火战斗中，必须根据火势和兵力的具体情况，灵活运用和变换。

5.4.3 灭火战斗行动

灭火战斗行动，系指消防队在灭火战斗过程中的行动方式和行动要求，包括从接警开始至战斗结束的整个行动过程。

（1）接警出动。

①应根据报警信息，分析判断现场情况，确定火警等级和出动力量；

②与报警人员保持联系，掌握着火油罐基本情况、周边环境、人员伤亡及火势发展等情况；

③优先调集大功率水罐消防车、泡沫消防车等装备器材和泡沫灭火剂、泡沫供液车等物资保障；

④根据现场需要，协调企业供水、供电、工艺、设备等力量到场；

⑤出动力量应实时掌握火灾现场情况，提前进行任务分工，实施途中指挥。

（2）火情侦察。

消防力量到达火场后，应成立侦查组，通过外部侦察、询问知情人、查阅资料等多种方法，迅速查明以下情况：

①人员受困情况；

②着火油罐和邻近油罐的规格（容量、直径、高度）、间距、储存油品种类、油品特性、储存量和液位高度；

③着火油罐的破坏情况、火势蔓延方向，以及邻罐，尤其是下风向油罐受火

势威胁情况；

④固定泡沫灭火系统及供电设施情况；

⑤根据火焰及烟气颜色变化等信息，判断是否有沸溢、喷溅的可能；

⑥着火油罐周边布局，救援车辆的行进路线等。

应将现场情况及时报告给消防指挥员，由其判断是否提升火警等级，请求增援。增援力量到场后，应根据作战需要分组、分区域、分阶段实施不间断侦察。

（3）火场警戒。

①由现场作战指挥部或指挥员统一组织，消防、公安、武警或其他力量具体实施；

②根据火情及周边环境确定警戒范围，划分警戒区域，并设置警戒标识和安排警戒人员；

③警戒人员需佩戴标识，做好安全防护、警戒记录；

④视情对火场周围道路实施交通管制。

（4）油罐灭火。

大型外浮顶罐常见的几种火灾模式为密封圈火灾、全液面池火灾、防火堤池火灾、沸溢火灾和外管点状火灾。针对不同模式的火灾，其灭火扑救方法差异较大，可参考前文中的罐区火灾扑救。

油罐火灾扑灭后，应继续向罐内喷洒泡沫，在罐内液面上形成泡沫覆盖层，以彻底清除隐藏在各个死角的残火、暗火，不留火险隐患；继续对油罐罐壁进行冷却降温，直至罐壁温度降至油品自燃点以下，以防油品复燃；同时指派专人监护火场。

（5）火场供水。

①油罐火灾扑救可由固定灭火设施与移动灭火装备供水，并应根据作战需要、现场水源和供水车辆情况，科学合理分配用水。

②优先使用固定、半固定灭火设施供水。固定、半固定灭火设施供水参考标准 GA/T 1275 中 5.7.2，5.7.3 的相关内容；若固定、半固定灭火设施无法使用或能力不足时，应使用移动装备供水。

③采用移动灭火装备供水时，应就近占据水源，合理连接消防水带、分水器，为车载固定炮、移动炮、水（泡沫）枪供水（泡沫），确保不间断。

④移动灭火装备供水参考标准 GA/T 1275 中 5.7.4 的相关内容。当消防管网供水能力不足时，应充分利用天然水源和蓄水池、水井等水源设施供水。

（6）火场通信。

①现场指挥部与消防指挥员互相之间的通信联络，应采用无线通信的方式进行。

②在参战人员较多、现场复杂的情况下，可灵活采用灯光、手势、旗语、绳

索、扬声器等简易通信方式实施火场信息的传递。

③宜利用消防控制室的消防广播系统，向消防官兵实施命令及信息传递。

（7）战斗结束。

①火灾扑灭后，应全面、细致地清理火场，再次确认没有人员被困和复燃可能。火场面积较大时应分区域清理检查，并留有专门人员实施现场监护。

②扑救行动结束后，应与油罐主管部门做好移交。

③移交结束后，各参战单位应清点人数，整理装备和水源设施，撤离火场。归队后，应迅速补充油料、器材和灭火剂，调整执勤力量，恢复战备状态。

5.4.4 不同火灾场景的火灾应急技术

5.4.4.1 密封圈线状液体表面火灾

如图 5.3 所示，外浮顶罐密封圈线状液体表面火灾通常采用的灭火战术方法有"直接灭火"和"隔离冷却"两项。

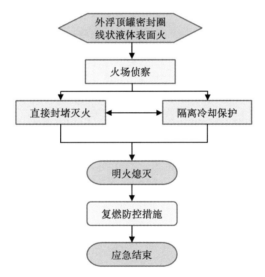

图 5.3 外浮顶罐密封圈线状液体表面火灾应急流程图

（1）直接灭火措施。

直接灭火措施是灭火人员直接登罐采用固定或手持式干粉或泡沫灭火器直接对准管线泄漏燃烧点处实施灭火，或者采用固定泡沫发生器向罐内着火处喷射泡沫灭火剂实施灭火。这是本模式火灾最重要的灭火战术方法。其中登罐灭火方式适用于本模式初期和中期火灾，火情还没有蔓延至整个密封圈。固定泡沫灭火适用于本模式火灾所有情况。但当浮船较低时，固定泡沫灭火效果会受到影响。

（2）隔离冷却措施。

隔离冷却措施是通过开启固定喷淋、水雾隔离、物理隔断、喷水冷却等手段冷却保护着火罐壁及邻近受到热辐射威胁的管线或罐体的措施。本措施是本模式火灾重要的灭火战术方法，适用于所有的本模式火灾。

5.4.4.2 外管点状液体表面火灾

如图 5.4 所示，外浮顶罐外管点状表面液体火灾通常采用的工艺处置措施有"关阀断料"1 项，通常采用的灭火战术方法有"直接灭火"1 项，视情可用的灭火战术方法有"隔离冷却"1 项。

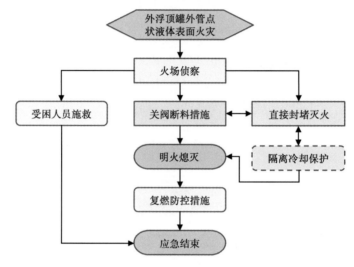

图 5.4　外管点状液体表面火灾应急流程图

（1）关阀断料措施。

关阀断料措施是通过直接关闭泄漏管线的罐底阀和远端阀门以中断燃烧物料供给的措施。本措施是本模式火灾最重要的工艺应急措施，适用于所有本模式火灾。

（2）直接灭火措施。

直接灭火措施是采取固定、移动或手持式干粉或泡沫灭火器材使用泡沫灭火剂或干粉灭火剂，直接对管线泄漏燃烧点处实施灭火，以及采取堵漏工具实施堵漏的措施。本措施是本模式火灾最重要的灭火战术方法，适用所有的本模式火灾。

（3）隔离冷却措施。

隔离冷却措施是通过开启固定冷却喷淋、水雾隔离、物理隔断、喷水冷却等手段将着火区域与受到热辐射威胁的邻近罐体和管线隔离开来，或者直接冷却泄漏管体及邻近危险罐体的措施。本措施是本模式火灾辅助灭火应急措施，适用于所有的本模式火灾。

5.4.4.3　罐内全液面 (液体) 池火灾

如图 5.5 所示，外浮顶罐罐内全液面 (液体) 池火灾通常采用的工艺处置措施有"调整物料"1 项，通常采用的灭火战术方法有"隔离冷却""夹攻合击"两项。

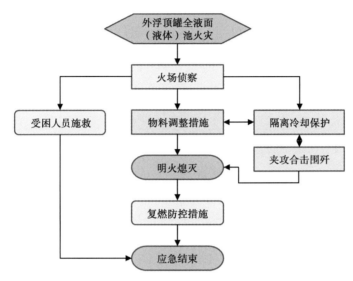

图 5.5　外浮顶罐罐内全液面 (液体) 池火灾应急流程图

(1) 调整物料措施。

物料调整措施是通过外浮顶罐输入输出管线向着火罐或邻近罐罐内注入或抽出物料或其他非可燃物料的措施。对于着火罐，调整物料措施实施难度大，需现场研究确定实施方案。对于邻近罐或邻近罐区，如果受火情影响小，可输出物料降低液位。对于受热严重的非着火罐，可以考虑以高、低温物料循环方式来降低罐内物料整体温度。具体实施方案需根据现场情况研究制订。

(2) 隔离冷却措施。

隔离冷却措施是通过开启着火罐及邻近罐喷淋系统及架设固定冷却、水雾隔离、物理隔断、喷水冷却等手段保护着火罐罐壁或将火燃烧区域与邻近受到热辐射威胁的邻近管线、罐隔离开来的措施。这是本模式火灾最重要的灭火战术方法之一，适用于所有的本模式火灾。

(3) 夹攻合击措施。

夹攻合击措施是针对着火罐的直接灭火战术方法，是采用多消防设备和灭火剂集中夹攻，突破后对围歼罐内明火，再实施全面积泡沫覆盖防止复燃的灭火措施。本措施是本模式火灾最重要的灭火应急措施之一。实施本措施需要提前部署好灭火力量，计算好灭火剂用量和灭火时间，并对可预料措施实施后果进行预测和制定应对方案。

5.4.4.4　防火堤内面状液体池火灾

如图 5.6 所示，外浮顶罐防火堤内全液面（液体）池火灾通常采用的工艺处置措施有"调整物料" 1 项，通常采用的灭火战术方法有"隔离冷却""夹攻合击"两项。

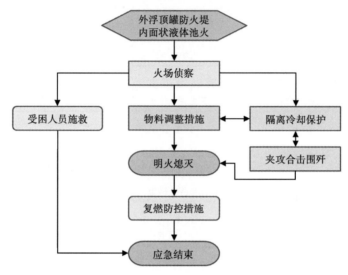

图 5.6　外浮顶罐防火堤内全液面（液体）池火灾应急流程图

（1）调整物料措施。

物料调整措施是通过外浮顶罐输入输出管线向着火罐或邻近罐罐内注入或抽出物料或其他非可燃物料的措施。对于着火罐，调整物料措施实施难度大，需现场研究确定实施方案。对于未着火罐、邻近罐或邻近罐区，如果受火情影响小，可输出物料降低液位。

（2）隔离冷却措施。

隔离冷却措施是通过开启着火罐区及邻近罐喷淋系统、架设固定冷却、水雾隔离、物理隔断、喷水冷却等手段压制着火区域、保护着火罐罐壁和未着火罐、保护邻近受到热辐射威胁的邻近管线、罐的措施。这是本模式火灾最重要的灭火战术方法之一，适用于所有的本模式火灾。

（3）夹攻合击措施。

夹攻合击措施是针对着火罐区的直接灭火战术方法，是采用多消防设备和灭火剂集中从上风处夹攻，突破后对逐步推进，进而围歼罐区内明火，再实施全面积泡沫覆盖防止复燃的灭火措施。本措施是本模式火灾最重要的灭火应急措施之一。实施本措施需要提前部署好灭火力量，计算好灭火剂用量和灭火时间，并对可预料措施实施后果进行预测和制定应对方案。

5.5 火灾应急指挥决策技术

5.5.1 应急指挥原则

（1）统一指挥。

①火场情况复杂，任务艰巨，经常涉及参加灭火战斗及协同灭火工作的各种力量。只有实施统一指挥，才能使灭火指挥员准确掌握和正确调用各种参战力量，保证作战部署的整体性和战斗行动协调的一致性，避免各自为战，步调一致地贯彻执行火场总体决策，有效地完成灭火战斗任务。

②在灭火战斗中，若干战斗环节联系紧密，互相影响。一处发生偏差，往往可能导致全局失败。实行统一指挥，可以加强总体协调，互相弥补不足，及时纠正偏差，堵塞漏洞。

（2）逐级指挥。

①无论火灾现场大小，参战力量多少，灭火组织指挥的实施一般都要逐级进行。实行指挥单一负责制，以充分发挥部属贯彻执行命令的积极性和坚定性，避免指挥混乱。

②火场上，下级必须服从上级。对上级命令若有异议，可以提出。但当上级没有表示改动决定时，下级必须执行原来命令。

③在上级指挥员紧急调动下属或更动原来命令，而下属的直接领导没有在场时，上级的命令可以越级下达，但越级下达命令者，必须讲明身份。随后，下达命令和接受任务的双方，都要及时通知和报告接受命令者的直接领导。

（3）各有主次。

当扑救油田、化工、船舶等特殊火灾时，企业、事业单位的专职消防队要起主导作用，实施统一指挥，当地公安、消防、医疗等部门协同配合。

5.5.2 应急指挥决策技术

2012 年，国家安全生产监督管理总局发布了《关于进一步加强安全生产应急平台体系建设意见的通知》，强调要发挥应急平台的信息集成、辅助决策和监测监控作用，利用专业预测分析模型，及时掌握安全生产突发事件信息，科学预测影响范围、危害程度和持续时间和发展趋势，及时发出风险预警信息，提高风险防控能力。

随着我国经济和社会的发展，能源安全与国民经济平稳健康发展密切相关。因此，政府对大型石油罐区的安全提出了更高的要求。近年来，我国安全生产应急救援技术有了较大的进步，应急装备也有了一定的改善和提高，但与世界上发达的工业化国家安全生产应急管理和应急救援水平相比，仍存在较大的差距。如应急作战技术含量不高，特别是对危险的灾区实施侦查、救援和扑救过程中，缺乏有效的先进技术和设备对现场连续监测；不能迅速构建事故现场应急救援辅助决策指挥系统，实现应急指挥过程中事故现场信息采集、处理、集成以及智能生成指挥的参谋意见等功能。如何通过事故的动态监测与态势分析，及时、迅速、有效、直观地对泄漏、火灾等事故做出快速准确的预测和制订有效的应急措施已成为事故应急救援急需解决的课题。结合现场实时相关数据，基于计算机可视化技术，开发具有事故动态监测与态势分析、实时现场情况展示、救援队伍灵活调动、应急物资准备及分配的应急响应系统平台，对大型石油罐区重大事故的应急、救援、预警、决策有着十分重大的意义。

油罐区集中有大量易燃易爆危险化学品，是典型高风险区域。开展油罐区事故早期征兆监测、预警技术以及大容量数据处理技术的研究，是实现油罐区早期处置，避免严重事故后果的技术保障。

三维 GIS 油罐区应急管理平台运用三维仿真和虚拟现实技术构建储罐区逼真的三维场景，采用网络信息处理技术，将储罐区的二维 GIS、三维 GIS 与基于动态参数与视频的监测预警系统、安全管理和应急救援辅助决策系统有机结合，从而形成一个功能齐全、性能可靠、操作简便的综合性动态安全监控、应急救援系统。核心数据库包括二维地理数据、实时监控数据、基础数据、生产设备数据以及三维应急演练培训数据。数据通过技术支撑层、信息资源层、服务支持层、应用业务层最终实现业务需求与用户的交互，完成系统各功能。

油罐区应急管理平台的主要目的是实现罐区的安全管理、监控预警，为事故的应急救援提供辅助决策支持，并为事故应急指挥及联动提供信息平台。该平台具体包括：三维 GIS 系统、日常安全管理、安全监控预警系统和应急指挥与辅助决策系统等 4 类 13 个软件子系统，详细组成如图 5.7 所示。三维 GIS 系统由三维场景漫游、三维常用工具和罐区设备三维查询与定位组成；日常安全管理软件系统由接警处警应急值守子系统、事故应急演练子系统、信息录入与系统维护子系统 3 个子系统构成；监控预警系统由视频监控管理子系统、综合参数监测与预警子系统、监测数据分析与统计子系统 3 个系统构成；应急指挥与辅助决策系统由辅助决策支持子系统、事故后果模拟及与预测子系统、应急通信与信息发布子系统和应急指挥与资源调度子系统等 4 个子系统构成。

（1）三维 GIS 管理平台。

三维模型数据主要包括储罐区设备设施、周边环境。利用大型油罐区平面布置图，借助于 3DMAX 技术完成罐区三维建模，生成较为真实的大型油罐区三维场景，实现三维场景的实时漫游（平移、旋转）、放大、缩小等操作，并提供任

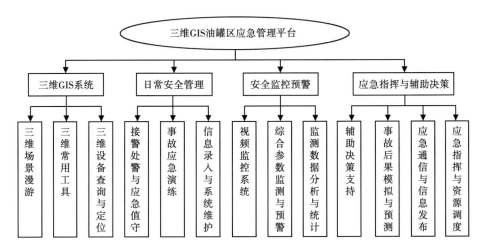

图 5.7　油罐区应急管理平台组成图

意实时切换场景，实时监控场景信息，实时操作场景设备，设备运行状态参数实时反馈。

（2）日常安全管理系统。

主要包括罐区日常安全管理工作，收集和掌握各种信息并加以综合集成、分析处理、准确、及时、全面地为应急处置指挥决策提供基础资料和数据。

（3）安全监控预警。

通过在监控中心或通过网络实现对罐区视频、参数的监测监控，建立监测数据实时数据库，达到安全预测预警。

（4）应急指挥与辅助决策。

在突发事件发生时，系统通过移动或固定探测仪采集事故现场相关信息并进行数据实时传输与接收。结合罐区危险特性，通过事故智能灾害模拟模块计算，实时掌握灾害影响范围，实现应急资源调配、地图标绘功能，为指挥者提供应急指挥辅助决策功能。

101

参 考 文 献

[1] 范继义. 油罐 [M]. 北京：中国石化出版社，2009.

[2] 储胜利，栾国华. 炼油化工设备火灾模式与应急处置技术 [M]. 北京：石油工业出版社，2016.

[3] 张清林，张网，任常兴. 国内外石油储罐典型火灾案例剖析 [M]. 天津：天津大学出版社，2014.

[4] 范茂魁，陈晓林，和丽秋. 事故灾难应急救援指挥 [M]. 北京：气象出版社，2016.

[5] 孙新宇，李晓明，彭仁海. 油罐安全运行与管理 [M]. 北京：中国石化出版社，2005.

[6] 徐英，杨一凡，朱萍. 球罐和大型储罐 [M]. 北京：化学工业出版社，2005.

[7] 中华人民共和国公安部. GA/T1275—2015，石油储罐火灾扑救行动指南 [S]. 北京：中国标准出版社，2016.

[8] 傅智敏，黄金印. 大型地上立式油罐区火灾爆炸危险与灭火救援 [J]. 消防科学与技术，2012，31 (7)：746-750.

[9] 刘佩铭. 10万立方米浮顶储罐设计的研究 [D]. 大连：大连理工大学，2013.

[10] 刘军，刘敏，智会强，等. FDS火灾模拟基本理论探析与应用技巧 [J]. 安全，2006，27 (1)：6-9.

[11] 吴钢，白磊，路燕涛. 变风速条件下储罐火灾热辐射数值模拟 [J]. 消防科学与技术，2016 (6)：748-752.

[12] 陈冬芳. 超大型浮顶储罐多体力学分析与结构强度研究 [D]. 黑龙江：东北石油大学，2010.

[13] 张元秀，王树立. 储油罐火灾的原因分析及控制技术 [J]. 工业安全与环保，2007，33 (4)：20-21.

[14] 石媛丽，宋文华，董影超. 储油罐事故分析及对策研究 [J]. 安全，2011，32 (10)：13-16.

[15] 孙文红，李玉坤，陈晓红，等. 大型储罐双盘外浮船两种结构形式的对比分析 [J]. 石油化工设备，2014，43 (5)：29-36.

[16] 任常兴，马千里，李晋，等. 大型储油罐区油气抑爆技术探讨 [J]. 安全与环境工程，2012，19 (6)：122-124.

[17] 宫宏，刘全桢，宋贤生，等. 大型浮顶储罐浮盘密封圈雷击起火事故分析 [J]. 安全、健康和环境，2008，8 (10)：7-8.

[18] 张清林，任常兴，李晋，等. 大型浮顶油罐密封圈火灾泡沫灭火试验 [J]. 消防科学与技术，2013，32 (12)：1373-1376.

[19] 毕宏. 大型外浮顶油罐结构设计优化 [J]. 石油化工设备，2004，33 (3)：33-35.

[20] 杨光辉. 大型油罐火灾爆炸危害性研究 [D]. 青岛：中国石油大学（华东），2007.

[21] 任常兴，王婕，张欣，等. 罐壁式泡沫系统扑救密封圈火灾试验研究 [J]. 中国安全生产科学技术，2013 (11)：43-47.

[22] 章涛林，方廷勇，张启良，等. 火灾模拟有限元软件综述 [J]. 中国公共安全（学术版），2009 (1)：90-96.

[23] 王学岐，韩兆辉，宋丹青．基于 CFD 的液化气罐区泄漏爆炸事故后果模拟 [J]．中国安全生产科学技术，2013，9（2）：64-68.

[24] 李庆功，宋文华，陈阵，等．基于 FDS 的大型原油储罐防火堤内池火灾的数值模拟[J]．南开大学学报（自然科学版），2012（1）：77-82.

[25] 杨国梁．基于风险的大型原油储罐防火间距研究 [D]．北京：中国矿业大学，2013.

[26] 任常兴．基于火灾场景的大型浮顶储罐区全过程风险防范体系研究 [J]．中国安全生产科学技术，2014（1）：68-74.

[27] 赵金龙，唐卿，黄弘，等．基于数值模拟的大型外浮顶储罐区定量风险评估 [J]．清华大学学报：自然科学版，2015（10）：1143-1149.

[28] 赵金龙，黄弘，屈克思，等．基于数值模拟的大型原油储罐热辐射响应研究 [J]．中南大学学报（自然科学版），2017（6）：1651-1658.

[29] 栾国华，裴玉起，储胜利，等．炼油企业火灾事故统计分析与应急技术需求分析 [J]．油气田环境保护，2014，24（6）：60-63.

[30] 于群，刘畅，张亮．浅析 FDS 火灾模拟与应用 [J]．水利与建筑工程学报，2008，6（4）：124-126.

[31] 宋文婷．十万方原油储罐的关键结构设计与分析 [D]．成都：西南石油大学，2015.

[32] 叶曙鸣，朱胜高．外浮顶油罐火灾扑救技术研究 [J]．石油化工安全环保技术，2014，30（3）：55-59.

[33] 王振国．外浮顶油罐一二次密封油气空间火灾分析 [J]．消防科学与技术，2007，26（6）：654-655.

[34] 刘志华．外浮顶原油储罐密封圈火灾处置措施及扑救对策浅析 [J]．中国公共安全（学术版），2017（1）：117.

[35] 赵炯，郎需庆，刘全桢．应对大型油罐特大火灾的研究——LASTFIRE 项目组简介 [J]．安全、健康和环境，2009，9（5）：2-4.

[36] 廖宇凡，陈娟娟，方正．油罐火灾中消防员安全施救距离 [J]．消防科学与技术，2017，36（1）：107-110.

[37] 唐昶．浅析数值模拟技术在消防工程中的实践应用 [J]．现代工业经济和信息化，2017（06）：98-99.

[38] 方东南．火灾调查中数值模拟技术的应用 [J]．科技传播，2014（13）：128.

附　　录

附录1　1995年茂名石化北山罐区火灾事故

1.1　基本情况

1995年8月3日10时15分左右，茂名石化炼油厂北山罐区上空突然一声雷响，伴随着闪电，125号原油罐着火了。油罐附近的作业人员发现雷击和起火后迅速报警（工业监控电视亦得到信号）。由于扑救及时，大火很快熄灭，只有密封圈两处被烧毁（约占总长的1/5）。

1.2　油罐防雷设施简介

125号原油罐是$2×10^4 m^3$浮顶罐，罐高16.1m，直径为40.63m。罐壁有4个卡式接地引出线，接地极按环形连接设计，接地电阻小于10Ω。浮顶厚度大于6mm。有两根$25mm^2$导静电线与罐壁连接。油罐四周设有4座独立避雷针，高度为35m。整体设计基本符合《建筑物防雷设计规范》（GB 50057—1994）和《石油与石油设施雷电安全规范》（GB 15599—1995）的要求。

1.3　油罐雷击着火原因分析

（1）电磁感应与反击概率分析。

油罐本体防雷接地性能良好。125号罐接地电阻复测结果：4个接地引出线接地电阻分别为0.8Ω、0.8Ω、0.9Ω、0.9Ω；4个断接卡接触电阻分别为0.052Ω、0.047Ω、0.036Ω、0.045Ω；两个导静电线的接地电阻分别为$(0.041+0.0417)\Omega$和$(0.041+0.0431)\Omega$。

浮盘与罐壁之间的电位差按最大电流（200kA）计算，导静电线两端引起的接触电压分别为：

$$100kA×(0.041+0.0417)\Omega=8.27kV$$
$$100kA×(0.041+0.0431)\Omega=8.41kV$$

导静电线在密封圈开口处的最大感应电压约为14kV（浮盘位置在9/10罐高处，感应间距为0.25m），由计算可知，综合电位差约为16kV。浮盘与罐壁间隙约为 250mm，两端产生飞弧电压约为 500kV/m×0.2m=100kV。由于浮盘与罐壁间最大接触电位差远小于两者间隙产生火花放电的电位值，所以不会形成引燃性的飞弧放电。

罐体外来引入线，包括输油管线、仪表穿管线等与罐体等电位连接良好，罐体周围也没有可以产生电磁感应或地电位反击的其他构筑物。因此，基本上可以排除产生二次雷击的可能。

（2）直击雷保护分析。

125 号储罐有 4 个独立避雷针的布置位置和保护范围。按照 30m 半径滚球法分析，油罐南侧的 39 号、40 号避雷针对 125 号储罐没有任何保护作用。东北侧 43 号避雷针（距离罐壁直线距离 26m）在 125 号储罐罐顶只有 20 余平方米的保护范围。西北侧 45 号避雷针（距罐壁直线距离 13.7m）在罐顶也只有 325.2m^2 的保护范围，仅约占浮顶面积（1256m^2）的约 1/4。可见该油罐对低云层小电荷云团（30m 半径滚球的雷电流电压小于 10kA）的直击雷保护能力较弱。外浮顶接闪面积大，且浮顶上部结构复杂，容易吸引雷电先导波。此外，由于该罐采用的是单层密封，密封效果较差，浮盘边缘可能存在原油挥发出来的油气。因此，此次着火事故极有可能是雷电流闪击浮顶并引燃盘上油气而产生的。

1.4　防范措施

125 号原油罐遭雷击的主要原因是原油罐直径大，现场保护设施（包括罐上避雷针、独立避雷针、消雷塔）在保护范围的设计上有漏洞，不能有效地防止低云层小电荷云团的直击雷。防止油罐遭直击雷起火一般可从接闪防护和气体防护两个方面考虑。如果浮盘气密性良好，可以允许浮盘接闪雷电流。如果浮盘气密性不好，通常不允许浮盘接闪雷电流，可采取其他保护措施。具体对策可以有以下几个方案。

（1）浮顶采用双层密封方式。现有单层密封的气密性能较差，在浮盘上方容易积聚泄漏油气，而油气层是雷电流闪击传燃和燃烧的主要媒介。调查表明，双层密封具有良好的密封效果，在投资许可条件下，应列为优先选择方案。

（2）建立雷击报警和惰性气体随机保护系统。雷电云层接近地面和闪击前夕，大地电场有一个明显的变化过程。通常，雷击天的大地电场为 1kV/m 左右。如发生雷电闪击，闪击前电场可增加到 4~6kV/m（负闪）或 2.5~10kV/m（正闪）。产生先导波和迎击脉冲的初始电场多为 10~15kV/m。依据这一规律，在罐体周围可设电场自动监控系统。当一次仪表接收到预警信号后，自动启动浮盘围堰内的 CO_2 保护系统，实现气体保护。另外也可在浮盘上安装可燃气体探头来启动惰性气体保护系统。

（3）罐顶敷设防直击雷避雷线。大型油罐浮顶面积大，罐上增设的避雷针高度一般为 5~7m，难以保护全部浮顶面积。如进一步提高避雷针高度，将给固定结构带来一定困难。但若在罐上一定高度敷设水平方向的避雷线，则可以有效地防止浮盘接闪雷电流。该方案简单易行，便于推广和维护。

附录 2　1999 年上海炼油厂油罐火灾事故

2.1　基本情况

1999 年 8 月 27 日凌晨，上海炼油厂一座 $2\times10^4m^3$ 的外浮顶原油储罐由于遭受雷击引发了火灾。经过消防员约半个小时的奋战，成功扑灭。

2.2　火灾经过及扑救过程

1999 年 8 月 26 日，上海天气异常闷热，酝酿着一场大雨的来临。27 日凌晨，大雨倾盆而下，且伴随着雷电。27 日凌晨 1 时 55 分左右，8 号泵房的操作工徐某外出巡检，走到 105 号油罐区时，$2\times10^4m^3$ 的原油罐遭雷击起火，徐某立即向厂消防队报警。

2 时 08 分，厂消防队接到报警，6 辆值班消防车迅速出动奔向火场。

2 时 12 分，消防车到达火场。厂消防队在值班长的指挥下，按照 105 号罐的扑救预案，顶着暴雨迅速展开攻势。两辆泡沫消防车利用车载炮和移动炮向罐顶喷射泡沫，两辆泡沫消防车利用两个接口连接两个油罐半固定消防设施，向罐内喷射泡沫，其余 2 辆车负责供水。6 台消防车集中火力，向着火油罐内的火焰喷洒泡沫。

2 时 22 分，上海市 119 消防指挥中心接到报警，指挥中心通知高桥、保税区等消防中队出动。

2 时 28 分，在消防队的强大攻势下，$2\times10^4m^3$ 外浮顶油罐顶部 2m 高的火焰逐渐熄灭。接到火警消息从家中赶赴火场的消防队副队长接过现场指挥权，并当即命令，拆除移动炮，登罐扑灭残火。4 名消防员接令后登上 15.8m 高的罐顶，用两支泡沫枪对残火进行扫射。

2 时 32 分，最后一处残火被扑灭。至此 $2\times10^4m^3$ 外浮顶原油储罐火灾被成功扑灭，整个灭火时间约半个小时。

2.3　经验总结

105 号 $2\times10^4m^3$ 浮顶原油储罐大火被成功扑灭后，上海炼油厂消防队总结了 3 条成功扑救经验。

（1）发现早，报警及时。由于巡检员坚持夜间执勤制度，及时发现火情，并立即报警，为扑灭火灾争取了时间。

（2）装备先进，消防设施保养良好。1999 年，上海炼油厂在原有 1 台大功率消防车的基础上，又分别投资购置的 1 台大功率泡沫消防车和 1 台举高车，成为扑救大型装置和储罐火灾的有效利器。消防队对厂内的固定及半固定消防设施的维护保养尤为重要，厂区消防设施的管理责任人制度需落实。消防队的定期抽查，也确保了消防设施的有效性。在这次火灾中，油罐的半固定消防设施起到了最大的作用。罐四周 4 只半固定消防设施的泡沫毫无损失地灌满整个密封圈，直接扑灭了密封圈内的大火，为成功扑救罐顶火灾立下了大功。

（3）措施得当，预案演练到位。每套装置投产之前，上海炼油厂必然要组织厂消防队与公安消防队进行联合灭火演习。因此，该厂消防队对全厂重点消防部位的火灾扑救方案非常熟悉。除每天加强消防员素质训练外厂消防队，还定期对各类预案进行演练，随时准备扑救各类不同装置和油罐的火灾。因此，在接到报警后，厂消防队能够做到出车迅速、停位正确、措施到位。

附录 3　2001 年茂名石化公司北山岭原油罐区火灾事故

3.1　基本情况

2001 年 9 月 6 日，茂名石化公司北山岭原油罐区 12#油罐，在拆卸旧阀施工过程中引燃阀室地面上原油，造成阀室一层管线区域火灾。事故造成 1 人轻伤。

3.2　事故经过

2001 年 9 月 6 日，茂名石化公司北山岭原油罐区共有 12 台 $5 \times 10^4 \mathrm{m}^3$ 的原油罐，总容量为 $6 \times 10^5 \mathrm{m}^3$。9 月 6 日上午 8:30，因 12#油罐的 2#阀门阀板脱落，港口公司机动科安排茂名市众和恒泰公司建安公司承担更换阀门任务。拆卸前，已先后三次开污油泵倒管线内原油，但管内仍存有部分原油，并且有原油流淌在地面。14:03，众和恒泰公司的 5 名施工人员（均为临时工）在拆卸旧阀施工过程中引燃阀室地面上原油，造成阀室一层管线区域火灾。14:05，北山岭原油罐区消防中队到达着火现场进行灭火。

消防中队施救过程中发现管网无水，原来罐区人员没有开消防泵，随即开泵又开不起来，只好启动另一台泵供水。14:10，阀室内一根原油管线因受热发生爆裂，火势加大，施救过程中又有两根原油管线受热爆裂，3 台车消防能力不足。15:30，炼油厂、茂名乙烯进口大功率消防车 5 辆、黄河车 5 辆，茂名市的12 辆消防车赶到火场增援。施救灭火全过程因供水不足，只够 2 辆车用水，进口大功率消防车也不能发挥战斗力。17:10 分，火被扑灭。事故发生时，有一名作业民工20%轻度烧伤。

3.3 事故原因分析

（1）施工人员起吊2#阀门时，管线内部分原油溢出，阀室内通风不良，油气弥漫，施工人员仍然冒险作业。在拉动手动葫芦时速度过快，导致阀门端面和管线法兰端面碰撞摩擦打火，引燃原油。

（2）施工现场使用的非防爆潜水泵抽原油时产生电火花引爆原油。

同时，本次事故也暴露出企业在安全管理方面存在严重问题。

（1）原油储罐区施工管理的责任不落实，对外来施工人员的监督管理极不严格。外来施工人员在要害部位的重大危险源区作业，施工单位无人管理；港口公司机动科没有人负责，也没有指派人员管理；北山岭原油罐区也没有人在现场监督和采取有效的监督措施。5名外来施工队伍的临时工在充满油气的阀室内冒险作业却无人管理，无人监督，无人制止，外加施工人员失管失控，以致造成重大火灾事故。

（2）对罐区阀室的施工作业监督不力。重要区域施工作业的5名外来施工人员全部都是临时工；作业许可证制度执行不严格，作业前没有认真办理作业许可证；没有认真落实各项安全措施；在抽原油时，错误使用了非防爆潜水泵。

（3）消防设施管理很不到位。北山岭原油罐区的消防水池有8000m³，2台消防水泵供水能力各为750m³/h，压力0.78MPa，消防管网和消防设施良好。但是，事故发生后，消防管网内无水，临时启动泵又启动不起来，以至于贻误了扑灭初期火灾的最好时机。

附录4　2002年兰州石化油品车间原油罐区火灾事故

4.1 基本情况

2002年10月26日22时15分，兰州石化分公司供销公司油品车间员工在清理原油罐时不慎引发严重爆炸和火灾。经消防官兵近48小时的努力，火灾被扑灭。该事故造成1人死亡、1人重伤，直接财产损失达80余万元。

4.2 火灾经过及扑救过程

兰州石化分公司402号原油储罐（直径为46m，高19.3m，总容量为3×10⁴m³）于1995年投入使用，一直未检修。在使用过程中，发现中央雨排管破漏，公司计划安排进行大修并于10月22日将罐内原油倒空停用。由于使用多年，罐底残留的水、泥、沙、油等沉淀物高0.4m左右。罐底清理工作由供销公司承包给兰州星都石化工程有限公司（以下简称"星都公司"，属企业外地方公司），双方签订了《检维修（施工）安全合同》。10 月 25 日，油品车间为星都公司办理了临时用电票，当日星都公司开始了清理工作。26 日 19 时左右，星都公司职工在 402 号罐前进行交接班。

21 时许，该公司员工正在清理油罐中残留的废油。一油罐车抽满后，一名员工招呼同伴关掉油泵，停止输油。这名员工随即走到临时安装的木制配电盘前，关闭齿轮泵空气开关。此时，空气开关产生的电火花点燃了抽油作业时产生的油蒸气，引起爆炸，并迅速蔓延到油罐的人孔。当时罐内存有超过 1000m³ 的残油和大量的油蒸气，并且罐区共储藏原油 36598t，距 402 号罐只有 24m 的 406 号罐内的原油储量约为 10^4m³。

22 时 13 分，兰州市公安消防支队接到报警电话。离火场最近的西固消防中队最先接到命令，5 辆消防车、50 名消防官兵立即出动，火速赶赴现场。在西固消防中队和兰炼消防人员的配合下，兰化消防支队的消防员采取边打边进的战术，合力将流火扑灭，将火势控制在人孔周围 10m² 的范围之内。调集沙袋封堵人孔，用泡沫管枪向罐内注入泡沫，压住了火势。同时，对 406 号罐进行了冷却处理，火情暂时得到了控制。10 月 27 日凌晨 2 时许，西固消防中队接到命令，撤回了驻地。

10 月 27 日清晨 6 时 12 分，402 号罐的油火出现复燃，急需消防部队增援。这次火灾比前晚火势更严峻，黑烟滚滚，油罐周围的输油管道都被灼烤至爆裂。这次复燃和第一次着火时不同，油罐外部有流淌火，罐体内部也在燃烧。大火直接造成罐壁隔热层断裂，油罐随时都有爆炸的可能。消防支队司令部立即发出命令，迅速调集西固消防中队、安宁消防中队、龚家湾消防中队和消防支队共 25 辆消防车增援灭火。

10 月 27 日中午 12 时 35 分，火场指挥部成立，兰州消防支队队长刘某担任火场总指挥。为防止罐体爆炸，指挥部决定对 402 号罐采取"控制灭火"，即控制火情，继续燃烧，直至罐内的残余燃油燃尽为止。同时，对装满原油的 406 号、401 号罐实施罐体冷却。指挥部还紧急协调兰州石化方面资源，将停放在火场附近的 3 列装满原油的油罐车尽快拉走。

10 月 27 日中午 14 时许，油罐内发生了爆炸，大火又一次从 402 号罐的人孔处喷涌出来，而且带出大量的流油。402 号罐周围顿时成了一片火海，熊熊烈焰直奔天际。四处流淌的油火犹如一条红黑相间的火龙，对附近的 403 号、406 号油罐造成了直接的威胁。距 402 号罐较近的 406 号油罐南侧罐壁火烧色变，随时都有爆裂的可能。

按照火场指挥部的部署，24 辆消防车、400 多名消防官兵分成 3 支队伍，按照各自的分工，从不同角度，采取不同战术，同时向油罐发起进攻。6 条水带干线供水，冷却水、干粉交替使用，消防官兵、兰州石化消防员、民工协同作战，灭火、冷却、降温，各项部署得以完全贯彻：大面积的流淌火被大口径水炮、水枪压制，被辐射热烤得脱漆的 406 号、401 号、403 号罐逐渐冷却下来，用沙袋、水泥筑起的隔离带和加固的防护墙将流淌的原油牢牢围在 402 号罐的人孔周围。

扑灭这次大火共历时两天三夜，60 小时。兰州市共出动消防车 68 辆、消防官兵 654 人次，用水 4042t、干粉 7t、泡沫 76t。

4.3 火灾事故原因

星都公司严重违反《兰州石化公司临时用电安全管理规定》中关于"火灾爆炸危险区域内使用的临时用电设备及开关、插座等必须符合防爆等级要求"的规定，在防爆区域使用了不防爆的电气开关，在停泵过程中开关产生的火花遇油泥挥发并积聚的轻组分，发生了爆燃，导致火灾发生，这是造成这起火灾事故的直接原因。经兰州市消防支队事故调查组认定，星都公司对此起重大火灾事故负直接责任；兰州石化分公司安全管理有漏洞，对此起事故负间接责任。

4.4 经验总结

通过这次事故，提醒相关单位应加强罐区作业防火安全管理，严格执行安全监督检查和考核制度。

（1）强化对承包商的管理。对现有的承包商进行清理整顿，对未签订工程服务合同和安全合同就安排施工的有关部门和责任人追究其管理责任。

（2）严格执行岗位责任制和安全规章制度。检维修作业要明确施工项目负责人、安全监管人、措施落实人。加强票证管理，按规定办理有关票证，有针对性地提出安全管理要求和相应的预防和控制措施。

（3）恢复损坏的消防设施，确保消防设施完善可靠。针对油品车间消防水供给不足、消防通道狭小、路况不良、消防设施不先进和罐区防火堤不符合规范等问题，进行统一改造修缮。

（4）完善油品车间的事故应急预案，组织员工每月进行一次事故演练。

附录 5 2006 年独山子石化原油储罐火灾爆炸事故

5.1 基本情况

2006 年 10 月 28 日，中国石油天然气股份有限公司新疆独山子石化分公司在建的 $10^5 m^3$ 原油储罐内浮顶隔舱在刷漆防腐作业时发生爆炸。事故造成 13 人死亡，6 人受轻伤。该工程是安徽省防腐工程总公司承包施工。

5.2 事故经过

2006 年 10 月 28 日,安徽省防腐工程总公司 27 名施工人员在中国石油天然气股份有限公司新疆独山子石化分公司原油储罐浮顶隔舱内进行刷漆作业。其中施工队长、小队长及配料工各 1 人,其他 24 人被平均分为 4 个作业组。防腐所使用的防锈漆为环氧云铁中间漆,稀料主要成分为苯、甲苯。当日 19 时 16 分,在作业接近结束时,隔舱突然发生爆炸,造成 13 人死亡、6 人轻伤,损毁储罐浮顶面积达 850m²。

5.3 事故原因

(1) 直接原因。

在施工过程中,安徽省防腐工程总公司违规私自更换防锈漆稀料,用含苯及甲苯等挥发性更大的有机溶剂替代原施工方案确定的主要成分为二甲苯、丁醇和乙二醇乙醚醋酸酯,在没有采取任何强制通风措施的情况下组织施工,使得储罐隔舱内防锈漆和稀料中的有机溶剂挥发并积累达到爆炸极限。施工现场电气线路不符合安全规范要求,使用的行灯和手持照明灯具均没有防爆功能。电气火花引爆了达到爆炸极限的可燃气体,导致这起特大爆炸事故的发生。

(2) 间接原因。

①负责建设工程的施工单位安全管理存在严重问题。安全管理制度不健全,没有制订受限空间安全作业规程,没有按规定配备专职安全员,没有对施工人员进行安全培训。

②作业现场管理混乱。在可能形成爆炸性气体的作业场所火种管理不严,使用非防爆照明灯具等电器设备,施工现场还发现有手机、香烟和打火机等物品。

③施工组织极不合理,多人同时在一个狭小空间内作业。

5.4 事故教训与预防对策措施

(1) 在危险化学品建设项目建设过程中,施工单位应完善安全管理制度,强化施工现场的安全监管。要加大安全教育培训力度,增强从业人员安全意识,提高业务能力。此次事故中,施工单位没有制订受限空间安全作业规程,私自违规更换挥发性更强的有机溶剂,导致施工现场可燃性气体积聚,达到爆炸极限范围;从业人员在高浓度苯、甲苯的环境中使用没有防爆功能的行灯和手持照明灯具等,施工现场还发现有手机、香烟和打火机等物品,最终导致了事故的发生。

(2) 危险化学品项目建设单位要加强对建设工程全过程的安全监督管理。通过招投标,选择有资质的施工队伍和工程监理。所选单位要安全管理制度健全,具有较丰富的工程经验，人员安全素质较高。要加强施工过程中对施工单位、监理单位安全生产的协调与管理，持续对施工单位和监理单位的安全管理和施工作业现场安全状况进行监督检查。发现施工现场安全管理混乱的，要立即停工整顿；对不符合施工安全要求和严重违反施工安全管理规定的，要坚决依法处理。负责该项目建设工程监理的单位内部管理混乱，监理人员数量、素质与承揽项目不相适应，监理水平低，监理责任落实不到位，为事故的发生埋下了隐患。

（3）危险化学品项目建设工程监理单位要严格执行有关要求，认真落实建设工程安全生产监理责任。加强施工现场安全生产巡视检查，规范监理程序和标准。对发现的各类安全事故隐患，及时通知施工单位，并监督其立即整改。情况严重的，要求施工单位立即停工整改，并同时将有关情况报告建设单位。负责该项目建设工程监理的单位对施工作业现场缺乏有效的监督和检查措施，安全监理不规范，不能及时纠正施工现场长期存在的违章现象，直至事故发生。

附录6　2006年中石化仪征输油站原油罐着火事故

6.1　基本情况

2006年8月7日下午12时18分左右，中国石化管道公司南京输油处仪征输油站16号 $15 \times 10^4 m^3$ 原油储罐遭雷击起火，起火点达5处之多。16号储罐直径约100m、高22m，属国内当时最大的原油储罐。经企业消防站和仪征、扬州两地消防部门快速反应、及时处理，在火灾初期状态成功地将大火扑灭。

6.2　火灾经过及扑救过程

2006年8月7日中午11时45分左右，仪征突降雷暴雨。12时20分，中国石化管道储运公司南京输油处仪征输油站消防值班人员在罐区1号电视监控探头被雷击坏的情况下，通过4号电视监控探头发现容量为 $15 \times 10^5 m^3$ 的16号油罐罐顶有火光。事发储罐直径约100m、高22m，当时液位为16.16m，储存着 $12.58 \times 10^4 m^3$ 进口原油，起火点多达5处。

8月7日12时21分，消防泵房值班人员立即向站控室值班人员报警。并经过火情确认后，于12时22分左右启动了固定灭火系统，对16号罐做罐壁冷却和罐顶泡沫覆盖灭火。同时站控室立即向管道公司输油调度汇报，并按照管道储运公司输油调度指令及时切换了该罐的进出油流程。

站消防队于8月7日12点21分接到火警后出动两辆消防车，12时25分到达现场。侦察油罐火情后，立即成立了现场灭火指挥部。

8月7日12时27分，灭火指挥部根据油罐火势情况指派了6名专职消防队员登上罐顶，使用罐顶平台，从分水器接 3 支泡沫管枪下到油罐浮船上，对固定泡沫灭火系统来不及覆盖的灭火点实施扑救。

在固定灭火设施和移动灭火力量的共同作用下，8 月 7 日 12 时 41 分，罐顶明火基本被扑灭。为防止油罐出现复燃，又使用泡沫沿罐壁进行泡沫覆盖。

6.3　火灾事故原因

仪征输油站 16 号油罐于 2004 年由中国石油化工股份有限公司投资兴建，于 2005 年 11 月建成使用，储量为 $15\times10^4\mathrm{m}^3$。该油罐一次密封为机械密封，二次密封采用带油气隔膜的密封结构。二次密封顶部每 3m 设有一块导静电片与罐壁接触。浮盘有两根截面积为 $25\mathrm{mm}^2$ 的导电线与罐壁连接。该罐设有环形防雷接地网，并通过 12 根接地线连接。

大火被扑灭后，经现场检查发现，在浮盘与罐壁的密封处，有 5 处明显起火痕迹，一次、二次密封严重损坏。另外，有 3 处二次密封爆开，外表没有火烧的痕迹，但二次密封的油气隔膜被爆裂或烧坏。8 处损坏点为非连接点，没有燃烧处也有多处油气隔膜被爆裂。

经现场勘查及起火原因分析认定，本次事故是雷击引起油罐浮顶导静电片与罐壁发生间隙放电，产生的火花引燃一次密封和二次密封之间的油气，从而导致了油罐浮盘密封处火灾。其火灾过程可能为：导静电片间隙放电，引燃一次、二次密封之间的可燃气体，火焰传播引燃了一次密封的泄漏点，形成密封圈火灾。

6.4　经验总结

发生雷击时，该油罐正以 $2000\mathrm{m}^3/\mathrm{h}$ 的速度输出原油，浮顶缓慢下降，内壁粘有的原油挥发，在浮顶和罐体之间形成爆炸性混合物。此外，密封装置不严密导致少量油气泄漏，也可能导致了爆炸性混合物的形成。

雷击发生时，浮顶上固定的静电铜刮板与罐壁间隙达到放电条件，产生火花，引燃泄漏的油气，导致泄漏点产生明火。明火进而导致密封圈烧坏，进一步加剧了燃烧。鉴于雷击事故频发，应重新考虑地上储罐的防雷和接地设计。

火灾发生后，油罐的消防冷却水系统、消火栓系统、泡沫灭火系统等设备全部启动，快速将还处于初期状态的火灾及时扑灭。在火灾扑救过程中，仪征分输站值班人员第一时间内启动灭火预案，开启固定消防设施灭火是火灾扑救成功的核心环节，这得益于平时对固定消防设施的熟练操作和日常的维护保养；定期对系统动力进行检查和试车，保证充足的燃料油储备；定期对泡沫灭火系统进行全面检查和清洗；建立健全的操作、值班和预案演练制度，熟练掌握和操作固定消防设施，保证消防系统处于良好状态。

灭火救援工作应充分考虑到恶劣天气造成的不利影响。通信设备和手段应能不受雷雨的影响，保证火场信息的及时反馈和作战指令的顺利传达。应注意现场人员尤其是登顶作业人员的防雷工作，保障他们的人身安全。

附录 7 2007 年中石化白沙湾输油站储油罐火灾事故

7.1 基本情况

2007 年 7 月 7 日 15 时 20 分，中石化管道公司南京白沙湾输油站 3 号储油罐遭雷击起火。经白沙湾站职工和消防队员的全力扑救，事故发生 14 分钟后，大火被扑灭。

7.2 火灾经过及扑救过程

7 月 7 日 15 时，白沙湾站上空乌云密布，一场较强的暴雨伴着闪电从天而降。

15 时 20 分，值班人员发现 3 号储油罐的罐顶突然冒出火苗，随之浓烟升腾。

15 时 21 分，站区报警器被摇响。随后，白沙湾站消防队的 4 辆消防车和附近地方的 3 辆消防车陆续抵达现场。消防泵房值班员及时启动泡沫灭火系统。3 分钟后，罐顶的泡沫产生器开始喷出泡沫。战斗队员到达后，首先将 1 号罐区的向外排水系统进行封堵，防止油气沿排水系统泄漏。同时泵房内启动消防泵，12 支泡沫枪开始喷淋。此次火灾共有 7 处着火点，火焰离罐顶浮船约有 4m 高，整个罐顶区域几乎连成一片火海。

15 时 25 分，4 名消防队员和 1 名技术人员登上罐顶，并使用泡沫枪对火焰进行扫射覆盖。

15 时 34 分，经过大家的共同努力，大火被扑灭。

据悉，3 号储油罐为 $10 \times 10^4 m^3$ 金属浮顶油罐，当时内储原油约 $4 \times 10^4 m^3$，爆炸造成储油罐浮顶二次密封被炸裂长度达 123m。

7.3 经验总结

调查发现油罐密封圈环形空间内局部油气浓度接近甚至超过爆炸下限。油罐遭雷击后，浮盘密封处首先发生爆炸，随后引起多处起火点原油燃烧。因此，在防范雷击火灾事故时，应尽量避免罐顶密封圈区域形成爆炸氛围。

应尽量减小储罐浮盘与罐壁之间的空隙，尽量避免出现金属突出物，防止放电火花的产生，从而达到消除点火源的目的。

附录8 2010 年中石油辽阳石化公司爆燃事故

8.1 基本情况

2010 年 6 月 29 日 16 时左右，辽阳电线化工厂在中国石油辽阳石化分公司炼油厂原油输转车间 7#罐内进行清罐作业时，发生可燃气体闪爆事故，造成 5 人死亡，5 人受伤。

8.2 事故单位情况及施工简况

中国石油辽阳石化分公司炼油厂原油输转车间对 6 座原油储罐进行刷罐作业。辽阳石化产品销售部通过招投标，将 7#罐残余污油吨销售给辽阳市宏伟区天缘服务中心，并划给清罐劳务费。

辽阳市宏伟区天缘服务中心又将污油转卖给辽阳电线化工厂，清罐作业也由辽阳电线化工厂承担。

8.3 事故简要经过

2010 年 6 月 25 日 9 点，中国石油辽阳石化分公司炼油厂原油输转车间开始对 7#罐进行倒油和蒸罐等工艺作业。28 日下午 2 点停止蒸罐，未在与罐体连接的管道阀门处加盲板。

7 月 9 日早 7 时，车间分析员对罐内气体采样并送检。约 8 时，辽阳电线化工厂清罐作业负责人带领作业人员来到作业现场，将非防爆照明设备接入罐内。9 时左右，作业人员开始进罐作业。

13 时左右，作业人员发现收油管漏油。14 时左右，漏油处理结束，继续进行作业。

16 时左右，接入罐内的照明灯有一半忽明忽暗的。稍后，罐内即发生了闪爆。

8.4 原因分析

（1）直接原因。

①未加盲板有效隔断，擅自将非防爆的普通照明灯接入原油储罐。

②清罐过程中收油管阀门处发生了原油渗漏和作业过程中对罐内污油的翻动等因素，罐体内形成了爆炸性气体环境。加之接入罐内的普通照明灯具因接触不良出现闪灭打火，导致发生闪爆事故。

（2）其他原因。

①施工单位作业安全管理不到位：未制订"清罐作业施工方案"；未进行风险分析；将非防爆照明灯具接入罐内；未确认罐内安全条件的情况下，作业人员进罐作业。

②施工单位违规转包，业主单位对承包商施工作业安全管理不到位。

附录9　2010年宁波镇海岚山国家石油储备库油罐着火事故

9.1　基本情况

2010年3月5日，宁波镇海岚山国家石油储备库1座$10×10^4m^3$的原油储罐遭雷击起火。由于固定消防设施启动及时，火灾得到有效控制，未造成重大损失。

9.2　火灾经过及扑救过程

2010年3月5日凌晨3时54分，宁波镇海岚山国家石油储备库T-49号储罐（容积为$10×10^4m^3$）遭雷击引起油罐浮船与罐壁内油气爆炸，导致油罐浮盘密封处火灾。3时55分，固定式泡沫灭火系统启动。

3时54分，消防队接到报警后，立即组织3辆消防车、13名消防官兵出动，3时59分到达现场。现场指挥员安排2号车组携两支枪登罐顶，利用罐平台两分水器灭火，1号车组携1支枪沿扶梯敷设水带到罐顶灭火。4时7分，明火被扑灭。

经火灾扑救后现场检查结果表明：油罐机械密封（一次密封）部分变形，机械密封橡胶隔膜全部损坏；二次密封大部分损坏，二次密封被炸飞后掉落至浮盘中部；泡沫堰板约80%向罐中心内部倾倒；盘边透气阀（含阻火器、呼吸阀）共8个，爆炸时炸掉7个，剩余1个下部管段也已开裂；12个泡沫发生器只有1个与泡沫管线连接基本完好，其余11个大都开裂，但只是铸铁件断裂，功能并未丧失；光纤光栅全部损坏，罐顶平台部分焊缝开裂，护栏扁钢部分崩断，挡雨板和泡沫堰板损毁严重。

此次事故发生之前的2007年5月24日、6月24日，该油库的T-47号$10×10^4m^3$原油储罐曾连续两次遭雷击起火，所幸的是固定灭火系统及时启用将火扑灭。

9.3　经验总结

从2007年至2010年的3年时间内，宁波镇海岚山国家石油储备库发生了3起由于雷击引发的浮顶油罐环形密封区位置的起火。虽然火势迅速得到了控制，未造成严重的损失，但从这几起事故仍能得出几点启示来完善大型原油储运设施防火规范及设计，以避免或减少原油储备设施火灾，或在发生火灾后能及时、有效控制和扑灭火灾：

（1）泡沫喷射口不宜设置在金属挡雨板下部，以防在油罐爆炸时，其首先遭到破坏而失去灭火功能。

（2）罐顶泡沫灭火器设计时应使用软连接方式，或在罐顶水平敷设泡沫管线时禁用管卡固定或焊死，以保证有一定活动余地，消除震动引起的发生器损坏现象。

（3）该油库遭受雷击的 T-47 号、T-49 号储罐距离很近，由此可看出有时雷击往往指向同一地点。对于此类地点，应重点检查其附近储罐、高达突出物等的接地电阻等。

附录10　2010年新疆王家沟石油储备库火灾事故

10.1　基本情况

王家沟石油商业储备库位于乌鲁木齐市头屯河区，离市中心约 30km，设计规模为 $50 \times 10^4 m^3$，单罐最大容量达 $5 \times 10^4 m^3$，是新疆克拉玛依石化、独山子石化和乌鲁木齐石化三大炼油厂成品油资源在东运出疆的集散枢纽。该储备库于 2008 年 11 月建成使用。

2010 年 4 月 19 日 19 时 26 分许，在乌鲁木齐市头屯河区中国石油西北销售公司王家沟石油商业储备库，一座 $3 \times 10^4 m^3$ 原油储罐起火，经消防人员及时扑救，未造成人员伤亡。

10.2　火灾扑救经过

4 月 19 日 19 时 26 分许，乌鲁木齐市头屯河区中国石油西北销售公司王家沟石油商业储备库一座 $3 \times 10^4 m^3$ 的原油罐（105 号油罐）起火。

19 时 30 分左右，乌鲁木齐市消防支队 119 指挥中心接到报警，先后调集 6 个中队、49 台消防车、137 名指战员赶赴现场。新疆消防总队、乌鲁木齐市委市政府、头屯河区区委区政府有关领导也立即赶赴现场指挥灭火。消防人员赶到现场时，发现着火罐顶上方烟雾较浓，罐体一侧长约 20m、宽约 2m 部位已被灼烧变色。经初步判断，着火部位在罐体内部拱顶处。如不及时冷却，极有可能造成罐壁变形坍塌，引起爆炸事故。于是，消防人员立即对罐体实施冷却。

10.3　经验总结

此次火灾未造成罐体破裂，消防人员及时利用水炮、高喷车和消防冷却水系统对罐壁进行冷却，同时启用液下灭火装置和泡沫灭火装置对罐内火灾实现有效控制。

附录11 2010年大连中石油输油管道爆炸火灾事故

11.1 基本情况

大连新港是我国目前规模最大、水位最深的现代化深水油港，建于1974年，位于辽东半岛南端的大孤山东北麓、黄海湾大窑湾西南侧，是我国原油进出口的重要基地。大连中石油国际储运公司是中国石油大连中石油国际事业公司（80%股份）与大连港股份公司（20%股份）的合资企业，成立于2005年9月，注册资金1亿元人民币。大连中石油国际储运公司原油罐区的日常运营和检修、维修工作由中国石油天然气股份有限公司大连石化分公司负责。

大连中石油国际储运有限公司北侧与国家石油储备库（容量为 $3 \times 10^6 \mathrm{m}^3$）仅一路之隔，东面临近创业路，与南海罐区（容量为 $1.2 \times 10^6 \mathrm{m}^3$）相邻，西面为矿石码头铁路专用线和商储油公司（容量为 $1.4 \times 10^6 \mathrm{m}^3$），南面与区域主干道迎宾街相邻。库区总库容为 $1.85 \times 10^6 \mathrm{m}^3$，设置有4个罐组，其中 $10^5 \mathrm{m}^3$ 罐17座，$5 \times 10^4 \mathrm{m}^3$ 罐3座，罐组间用6m宽环形消防道路隔开。库区地形西高东低，南高北低，最高标高为13.2m，位于库区西北角。

储罐区北面与消防道路之间集中布置工艺管廊带，库区东面集中建设了原油泵房、计量间、配电室、消防水罐、初期雨水及含油污水池、维修间和综合办公楼。

现场输油管线较多，每座原油储罐都有进出管线和收油线，管线距离总长达几十千米，油库内DN700（直径为700mm）或DN900（直径为900mm）的输油管线成组（每组4~9条不等）通往码头。管内原油流速为2.7m/s（DN900）和2.9m/s（DN700）。油库进出库设置1个库区总阀组，油库进出库经总阀组，由海关监视。管线进入各罐组处各设置1个专门的罐组阀组，通过中心控制室控制该阀组实现油品进出罐区的切换。来油时，油罐高液位报警与罐组阀组电动阀联锁，自动切换油罐。发油时，油罐低液位报警与罐组阀组电动阀、外输泵联锁，实现罐间的切换。

储罐区设有较多的地下暗沟、暗渠用以铺设管道和排水排污。主渠双排设置，宽3.2m，高2.4m，贯穿油库之间，直通码头排污口。

库区内设置消防泵房1座，内设消防冷却水泵2台，泡沫消防泵2台，备用1台。消防水源来自市政管网，库内设有2座 $3000 \mathrm{m}^3$ 的消防水罐。

库内设有独立的消防给水环状管网，采用高压消防给水系统，压力可达

118

0.8MPa。消防管网沿各油罐组防火堤与道路之间敷设，呈环状布置。冷却水管网上每隔 60m 设置室外消火栓 1 个，环状管网管径为 400mm。泡沫混合液管网上每隔 60m 设置泡沫栓 1 个，泡沫管网为枝状管网布置。消防冷却水管网由稳压装置稳压，压力稳定在 0.45MPa，库区泡沫混合液管网为空管状态。油罐采用消防冷却水系统和固定泡沫灭火系统。

油库电源引自新港 66/6kV 总变电站的 6kV 母线段，线路长 3.5km。

2010 年 7 月 16 日 18 时 10 分左右，保税区油库一期罐区原油管道起火。为扑灭这次火灾，共调集包括辖区支队在内的全省 14 个公安消防支队和 17 个企事业专职队的 348 辆消防车、2380 余名消防官兵赶赴现场作战。同时在全省范围内调集泡沫液 900 余吨，通过公安部消防局以陆运、海运、空运方式调集邻近省市泡沫液 460 余吨运往现场，并协调沈阳空军运送包括院士在内的 11 名专家到场，为火灾扑救工作提供技术支持。

11.2　火灾经过及扑救过程

2010 年 7 月 15 日 15 时 30 分左右，新加坡太平洋石油公司所属 30×10⁴t "宇宙宝石" 油轮开始向大连中石油国际储运有限公司原油罐区卸送最终属于中油燃料油股份有限公司（中国石油天然气股份有限公司控股的下属子公司）的原油。15 时 45 分，"宇宙宝石" 油轮启动右舷泵，开始向大连中石油国际储运有限公司油罐卸油。21 时 30 分启动中间泵，22 时 36 分启动左舷泵，至此 3 台泵全部启动，至 7 月 16 日 13 时停泵。整个卸油过程历时 21 小时 15 分钟，总卸油量 15×10⁴t，期间泵压为 0.2~0.9MPa。

7 月 15 日 20 时左右，上海祥诚商品检验技术服务有限公司大连分公司（以下简称祥诚公司）和天津辉盛达石化技术有限公司（以下简称辉盛达公司）开始通过原油罐区一条 DN900 输油管道上的排空阀向输油管道中注入脱硫剂（HD剂，含异丙醇 10%、乙醇 4.9%、过氧化氢 43.1%、水 41.9%，主要活性成分为过氧化氢）。16 日 0 时许和 9 时许，加注系统由于软管鼓泡、"HD 剂" 漏出、管道压力偏高、电动机和齿轮箱发热等原因，致使加剂作业分别停止半小时和 4 小时。16 日 13 时，油轮停止卸油作业，关闭船岸间阀门，致使阀门至 304 罐间的 2 号输油管（DN900）形成充满原油、相对静止的密闭空间。添加 "HD 剂" 的现场作业人员在知晓油轮停输的情况下，仍继续向 2 号管线加注了 20t "HD 剂" 直至 18 时，脱硫剂总加入量为 90t。脱硫剂加完后，作业人员取用消防泵房的 600kg 自来水对防爆螺杆泵和管路进行清洗。18 时 02 分左右，2 号管线靠近脱硫剂注入部位的立管处发生爆炸。爆炸导致原油泄漏、蔓延，形成地面流淌火，引燃了附近的 103 号罐，造成储罐和周边泵房及港口主要输油管道严重损坏。由于事故导致电力系统损坏而无法关闭罐区阀门切断物料，火灾无法在初期有效控制，并造成至少 1500t 原油流入附近海域，至少 50km² 的海域受到污染，直接损失在 5 亿元以上。

7 月 16 日 18 时 12 分，大连市公安消防支队接到报警，称位于大连市大孤山新港码头的保税区油库输油管线爆裂引发爆炸起火。消防支队支队长立即意识到事态的严重性并作出反应。大孤山半岛是全国最大的原油贮存和油品加工基地，如果不能及时、有效控制事故，将造成毁灭性灾难。他要求先期到场的主管队全力控制火势，并将事故情况汇报市政府、市公安局，一次性调动全市执勤中队所有高喷车、大功率泡沫车、重型水罐车以及战勤保障编队共计 128 台石化火灾专业作战车辆赶赴现场。在赶赴现场途中，消防友队向省总队提前发出增援请求，为跨地区增援取得灭火战斗胜利赢得了宝贵时间。

7 月 16 日 18 时 19 分，开发区大队 3 个中队和海港专职消防支队 4 个中队第一批消防队员到达现场。经侦查发现，该油库罐区一条直径为 900mm 的原油管线着火，烤爆了临近的一条直径为 700mm 的原油管线，致原油泄漏，并形成地面流淌火，威胁着邻近油罐安全。火苗从粗大的输油管线撕裂开的大口子窜出，沿管线和管线通道向外翻滚扩散蔓延，不断形成新的着火点和流淌火。在流淌火作用下，多处输油管线、管道井连续发生爆炸爆裂，井盖、阀门被抛向空中，大量原油带压涌出。火势初期就形成猛烈态势，燃烧的原油在地面、沟渠流淌。附近直径为 80m，高为 20m 的 103 号罐已起火、爆炸，并在东北角出现撕裂口，火焰高达数十米，烘烤着相距仅 30~50m 的毗邻罐。北侧多条输油管线被炸断且大面积着火，罐区东侧有大面积流淌火，东侧泵房、配电室、泡沫站处于大火包围状态，阀组联箱严重损坏。爆炸导致供电供水中断，固定式消防水炮、水喷淋环管等油库固定消防设施均失去作用。到场消防队员迅速对罐体进行了冷却，利用 10 台大功率泡沫主站车辆，架设 5 门车载炮、2 门移动炮和 9 支泡沫枪阻截流淌火向泵房、配电室和 106 号罐蔓延。但"杯水车薪"，火势越来越大。消防队员立即向支队全勤指挥部报告火场情况。

18 时 45 分，支队全勤指挥部到达现场，支队总指挥丛树印带领侦查组深入一线查看火情。由于火场管线、沟渠上下连通，地势西高东低、北高南低，在地面形成流淌火并迅速扩大，随时可能引燃罐区内外的 20 多个 10⁵m³ 油罐。依据现场情况，指挥员确立了"全力扑救流淌火，积极冷却 103 号罐，确保毗邻罐区安全"的作战总思路：派出灭火攻坚组与单位技术人员一道，深入罐区关阀断料，利用工艺措施阻止油品进一步泄漏，防止火势进一步蔓延；组织 14 门车载炮和 3 门移动炮对着火罐、毗邻罐进行冷却抑爆；集中 18 支泡沫枪全力扑救管线、泵房、地面流淌火；在东侧、北侧、南侧和海港码头增设 4 道防线，防止火势扩大，全力保护液体化工仓储区；启动重大灾害事故处置预案，迅速调集公安、卫生、环保等部门到场协助进行灾害处置工作，协调政府调集海事部门到场配合灭火。

由于现场配电室烧毁，无法电动关阀，特勤二中队指导员带领攻坚小组进入火场，在企业员工协助下手动关阀。4个小时后，两个主要阀门被关闭。之后，指挥部调来专业供电车将现场其他阀门关闭，从源头切断了着火的DN700管道的供油来源，为扑救赢得了宝贵时间。

17日零时23分，首支增援部队营口消防支队到达现场。之后，鞍山、盘锦、沈阳等地消防支队增援消防队员陆续抵达。指挥部制订了"先控制，后消灭"的战术原则，对现场力量调整部署，将火场划分为4个区域，设置分指挥部，并为每个战斗区域指定1名消防总队负责人和1名灭火技术高级工程师作为指挥员。4个战斗区域按照"全力控火、冷却抑爆、确保重点、关阀断源、筑堤围堰、全力攻坚"的总作战原则实施灭火措施。利用车载水炮和移动水炮重点对第1作战区域的103号、106号、102号原油罐，第2战斗区域的37号、42号原油罐，第3战斗区域的43号、48号原油罐进行冷却。采取筑堤围堰、泡沫覆盖、沙土填埋等措施堵截消灭流淌火，全力保护位于火场北侧的液体化工仓储区。并采取关阀断料、水流切封的方法压制输油管线大火，同时利用泡沫管枪消灭罐区阀组和地下沟渠内的火势。布置17辆消防车在油罐和毗邻的危险化学品库区之间打开防火通道。各阵地利用水泥和沙土围堵外溢原油，以移动水炮和车载水炮冷却毗邻罐体，用泡沫喷射、沙土覆盖等方式压制和消灭漏点、火线、地面流淌火。

17日8时20分，指挥部判断具备灭火条件，300余辆消防车、2000余名消防官兵向正在燃烧和向外喷火的103号罐发起总攻，喷射水量达7000余吨，泡沫达300余吨。同时利用车载泡沫炮、移动泡沫炮和泡沫管枪全力扑灭罐体、阀组、沟渠的大火；采取水流切封的方法彻底扑灭管线火势；利用消防艇及托消两用船，扑灭蔓延到海面的原油火势。

17日9时左右，现场所有明火被扑灭。此后灭火工作进入消灭残火和冷却降温阶段，对重点部位持续冷却，防止复燃复爆。针对103罐残火，采取冷却降温、泡沫灌注、注水淹没等方法实施灭火。

11.3　经验总结

经分析，此次事故原因是在"宇宙宝石"油轮已暂停卸油作业的情况下，辉盛达公司和祥诚公司继续向输油管道中注入含有强氧化剂的原油脱硫剂约20t，造成输油管道内发生化学爆炸。

此外，本次事故也暴露出了脱硫剂注入量计算不准确的问题。这主要是由于对原油中含硫量的测定不够准确。《深色石油产品硫含量测定法》（GB/T 387）中规定了原油中硫含量的测定方法。该方法规定测定原油中硫含量时要取液体油品试样进行实验。而本次事故中，工作人员仅对"宇宙宝石"油轮中原油液面上的气相空间的硫含量进行了分析。"宇宙宝石"油轮经过长途运输，原油经过长时间的稳定、沉淀后，原油中含有的无机硫如硫化氢等逐渐挥发至其液面上部的油气内，其液面上部气相空间的硫含量已较高，油气中的硫含量高于原油中的硫含量。因此，根据油气中的硫含量计算得出的应添加的脱硫剂不够准确，这也是造成脱硫剂添加过量的一个原因。

事故造成大火持续燃烧了 15 个小时，事故现场设备管道损毁严重，周边海域受到污染，社会影响重大。事故暴露出 4 个主要问题。

（1）事故单位对所加入原油脱硫剂的安全可靠性没有进行科学论证。

（2）原油脱硫剂的加入方法没有正规设计，没有对加注作业进行风险辨识，没有制订安全作业规程。

（3）原油接卸过程中的安全管理存在漏洞。指挥协调不力，管理混乱，信息不畅，有关部门接到暂停卸油作业的信息后，没有及时通知停止加剂作业，事故单位对承包商现场作业疏于管理，现场监护不力。

（4）事故造成电力系统损坏，应急和消防设施失效，罐区阀门无法关闭。另外，港区内原油等危险化学品大型储罐集中布置，也是造成事故险象环生的重要因素。

此次火灾事故之所以如此严重，其主要是由于原油管线阀门控制电源失效，未能及时关闭，导致储罐内的原油流失殆尽，为地面的流淌火不断提供燃料所致。因此，对于储运设施的供电问题，建议在考虑柴油机泵的同时，也要对需要联锁的远程控制的阀门提出相应的要求，以便能快速、有效地关闭阀门。建议在条件允许的情况下增设小型发电设备或车载式移动发电设备，以满足对消防自控和电动阀门的临时供电。

此次火灾暴露出特大型石油库在规范层面存在输油管道和油罐漏油防范、油罐阀门设置、油罐区分隔、消防道路设置、重要设施的安全间距、消防设施规模、供电可靠性和油罐操作等 8 个方面要求不足的问题。DN900 原油管道爆炸断裂，在流淌火作用下，进一步引发该组其他管线、阀门爆炸断裂，大量原油带压涌出，使火灾初期就形成猛烈燃烧的态势。每根管线仅设置了 1 个罐组阀组。在火灾中由于阀组联箱被损毁，无法及时关闭管线切断原油泄漏，造成了火灾的大面积发展和原油的大量泄漏，进而导致了巨大的经济和环境损失。库区储罐、管道设置密集，一旦发生火灾，火势便迅速沿管道、沟槽蔓延，造成整个火场大面积立体燃烧，并随时有爆炸的危险。库区道路狭窄，路宽仅 6m，大型消防车辆使用受限。油泵房、计量房、消防泵房、变电所等设施均在爆炸中烧毁，供电系统中断，罐区固定灭火系统均不能运行，导致初期灭火的时机被延误，造成火情的扩大。库区工作人员违反库区安全操作规范，使用未经安全验证的原油添加剂，在输油过程中玩忽职守，是导致此次火灾和原油泄漏事故的直接原因。在未来石油库的改造和建设以及石油库标准修订过程中，应汲取此次火灾的教训，并针对此次石油库火灾发展过程中所暴露出的问题进行有针对性的补救和预防，防止和减少后续此类大型事故的发生，降低事故可能造成的损害。

在处理此类特大型灾害中，必须对事故发展有前瞻性预判，坚持快速调集、就近调集、集中调集、优势调集的原则，在最短时间内形成集团作战态势和核心打击能力。此次事故发生后，辽宁省公安厅和消防总队指挥员在赶赴现场的途中，明确要求要从最坏处着想、从最坏处打算，立即在全省范围内调集效能最好的消防战斗车辆、器材和最精干的力量赶赴火场。辽宁省省消防总队立即分两批调派全省 13 个消防支队、14 个企业专职队的 220 辆消防车、1380 余名消防官兵增援火场。先期处置力量、增援力量和社会联动力量的快速集结和及时到场，为成功灭火创造了有利条件。

在火灾扑救过程中，指挥部根据实际情况，依据"先控制、后消灭"的原则，作出"科学施救、有效控火、确保重点、全力攻坚"的决策，将火场划分为了 4 个战斗区域，明确了 T103 号罐、南海储油罐区及液体化工仓储区为火场的两个重点作战目标，有针对性地采取了关阀断源、冷却抑爆、筑堤填埋、注水灭火等措施，及时有效地控制了火势。各级领导亲临一线，授权消防部门全权指挥现场各参战力量，有效确保了指挥决策的科学性，对取得灭火战斗最终胜利至关重要。

此次火灾扑救作战时间长，物资消耗大。各地战勤保障大队、分队为现场车辆供给燃油 110 余吨，补充灭火救援器材、个人防护装备 1 万余件（套）。设立了生活物资供应站，充分保障了参战官兵作战、饮食、医疗等需要，并通过各种运输方式从全国各地调用泡沫 1000 余吨。在灭火战斗中，高性能的远程供水系统通过抽取海水，保障了充足、不间断供应的消防用水。高性能的泡沫消防车、举高喷射消防车、大吨位水罐消防车以及先进适用的泡沫液转输泵、移动水炮、遥控自摆炮等装备器材在灭火工作中发挥了强大的灭火效能。

在油港日常工作管理中，应积极做好以下两方面工作。

（1）严格港口接卸油过程的安全管理，确保接卸油过程安全。

切实加强港口接卸油作业的安全管理。要制订接卸油作业各方协调调度制度，明确接卸油作业信息传递的流程和责任，严格制订接卸油安全操作规程，进一步明确和落实安全生产责任，确保接卸油过程有序、可控、安全。

加强对接卸油过程中采用新工艺、新技术、新材料、新设备的安全论证和安全管理。接卸油过程中一般不应同时进行其他作业，确实需要在接卸油过程中加入添加剂或进行其他作业的，要对加入添加剂及其加入方法等有关作业进行认真科学的安全论证，全面辨识可能出现的安全风险。采取有针对性的防范措施，与罐区保持足够的安全距离，确保安全。加剂装置必须由取得相应资质的单位进行设计、制造、施工。

加强对承包商和特殊作业安全管理，坚决杜绝"三违"（违章指挥、违章操作和违反劳动纪律）现象。要加强对承包商的管理，严禁"以包代管、包而不管"。加强对特殊作业人员的安全生产教育和培训，使其掌握相关的安全规章制度和安全操作规程，具备必要的安全生产知识和安全操作技能，确保安全生产。

（2）切实做好应急管理各项工作，提高重特大事故的应对与处置能力。

加强对危险化学品生产厂区和储罐区消防设施的检查，督促各有关企业进一步改进管道、储罐等设施的阀门系统，确保事故发生后能够有效关闭设施。督促企业进一步加强应急管理，加强专兼职救援队伍建设，组织开展专项训练，健全完善应急预案，定期开展应急演练。加强政府、部门与企业间的应急协调联动机制建设，确保预案衔接、队伍联动、资源共享。加大投入，加强应急装备建设，提高应对重特大、复杂事故的能力。

附录12　2010年大连中石油油罐拆除作业引发火灾

12.1　基本情况

2010年10月24日16时10分左右，大连中石油国际储运有限公司油库发生火灾，起火的正是2010年7月16日发生火灾的103号油罐，事发前103号罐正在被拆解。10月25日凌晨2时，经过近10个小时的扑救，大连中石油国际储运有限公司油库大火完全被扑灭。这是同一油罐百天以来发生的第2次大火，前一次火灾曾造成大连海域比较严重的环境污染。

12.2　火灾经过及扑救过程

据中石油辽河油田建设集团副总经理介绍，24日16时10分许，该公司施工人员对位于大连新港原油储备基地的103号罐体（原"7·16"事故着火油罐）进行拆除作业时，不慎引燃罐体内残留的原油，发生燃烧造成火灾。

当时罐体已经拆除到最后一层，罐体内有高约500mm的水，同时也有原油残渣，原油残渣已经固化。出于安全考虑，施工方作业时在现场安排有两辆消防车。但由于风势过大，没能控制住火势。

事故发生后，大连市主要领导立即赶赴一线，指挥部署灭火工作。辽宁省、市安全生产专家也到现场指导事故救援和灭火。大连市出动370余名消防官兵、70余辆消防车实施救援。同时，火灾现场有60多辆装满砂土的翻斗车待命。

12.3　火灾事故原因

中国石油辽河油田建设集团施工人员对位于大连新港原油储备基地103号罐

体进行拆除作业时，拆除到最后一层，切割产生的火花不慎引燃罐体内残留的原油，发生火灾。

12.4　经验总结

此次油罐拆除过程中存在大量消防安全隐患。在油罐拆除的施工现场，应加强安全管理，最大限度地消除火灾隐患。油罐拆除的工艺流程及注意事项有如下4个方面。

（1）拆除施工前应认真准备。拆除施工前应向地方政府安监、消防、环保等部门报告、办理备案和开工手续，全面理解政府部门对该工程的有关要求和标准，取得相关部门的指导和监督。

（2）排出底油。排出底油过程中，注意切断与其他输油管线或油罐的通路，并将油罐的管线法兰用盲板封住。

（3）气体检测范围应包括储罐、作业场所及附近范围内可能存留油品蒸汽地方的油气浓度。气体检测应沿油罐圆周方向进行，并应注意选择易于聚集油气的低洼部位和死角。对于浮顶罐，还应测试浮盘上方的油气浓度。每次通风（包括间隙通风后的再通风）前以及作业人员入罐前都应认真进行油气浓度的测试，并做好详细记录。作业期间，应定期进行油气浓度的测试，正常作业中每8小时内不少于两次，以确保油气浓度在规定范围之内。

检测人员应在进罐作业前30分钟再进行一次油气浓度检测，确保油气浓度符合规定的允许值。清罐作业指挥人员会同安全检查人员进行一次现场检查。安全监护人员检查完毕后，作业人员即可进罐作业。作业人员进罐作业时应佩戴隔离式呼吸器具，且每30分钟左右轮换一次。同时，作业人员在进罐作业时宜携带救生信号绳索，绳的末端留在罐外，以便随时抢救作业人员。

附录13　2011年中石油大连新港油罐雷击着火事故

13.1　基本情况

2011年11月22日18时30分，大连新港两个$10^5\,m^3$储油罐发生火情，事故地点与2010年7月16日大连新港火灾起火罐体（103号罐）属同一区域。起火点是位于大连港油品码头海滨北罐区的T031、T032号原油罐，起火原因是雷击造成密封圈着火。

13.2　火灾经过及扑救过程

2011年11月22日18时30分左右，大连天空接连响起3声巨大的雷声。18

时 35 分，大连港公安局消防支队接到报警，大连港新港油品码头公司海滨北罐区的 T031 号、T032 号两座 $10^5 m^3$ 原油储罐因雷击引起爆炸起火。接到报警后，大连港公安局消防支队立即出动消防车赶赴现场展开扑救。雷击使得该罐区消防系统供电设备损坏，固定灭火系统无法启动，于是紧急请求大连市公安消防支队增援。

此次事故共出动 700 多名官兵、180 辆消防车。经过 1 个多小时的紧急扑救，22 日 20 时左右，大火基本被扑灭，无人员伤亡。

13.3 火灾事故原因

在 T031 号油罐遭受直击雷、T032 号油罐遭受感应雷击后，油罐浮顶的一次密封钢板与罐壁之间、二次密封导电片与罐壁之间的放电火花引发两个油罐的一次、二次密封空间内的爆炸性混合气体爆炸并起火。

此外，大连港油品码头公司海滨北罐区的消防水来自其 2 号消防泵房，泡沫来自其附近的泡沫泵站。2 号消防泵房消防泵采用双回路供电，由其附近的中心变电所供电。11 月 22 日晚，大连地区的雷电灾害在大连港油品码头公司附近导致了方圆 2km 范围内大量设施损坏，中心变电所无法送电。

13.4 经验教训

此次火灾事故是非常典型的浮顶油罐遭受雷击引发一次密封和二次密封之间油气爆炸，油气爆炸损坏密封圈，从而引发密封圈起火的典型案例。火灾事故调查组对国内外十几起油罐雷击起火事故进行了对比：以往的火灾事故多为单座油罐遭雷击起火，但此次是两座 10 万 m^3 油罐同时遭受雷击起火，且固定灭火系统双回路供电电源遭雷击损坏，不能启动，只能依靠移动消防力量灭火。大连港公安局消防支队、大连市消防支队在固定灭火系统无法启动的时候，及时调集足够的消防力量，并采取了登罐灭火的措施，及时将火情控制。若火灾扑救稍有延迟，可能造成罐顶密封圈燃烧的油品温度升高，火势增大，将无法实现登罐灭火作业，后果不堪设想。

目前，国内外大型浮顶原油储罐多采用机械密封的方式，这种密封方式形成的一次、二次密封空间在正常情况下会产生爆炸性混合气体。在浮顶产生电荷时，又无法完全由等电位连接线将电荷释放，必然会产生放电火花。这种结构决定了浮顶油罐在遭遇雷击事故时，很容易造成密封内的油气爆炸，从而破坏密封，引发密封圈起火。

从本地电网取得的双回路供电电源经"7·16"和本次火灾事故实践证明不能满足消防用电设备的可靠性要求。

附录14　1983年英国南威尔士米尔福德港油罐火灾事故

14.1　火灾基本情况

1983年8月30日，英国南威尔士米尔福德港炼油厂一座容量为$9.5 \times 10^4 m^3$的油罐发生火灾，当时罐内储存有55348m^3原油。该储罐为外浮顶储罐，高为20m，直径为78m。发生火灾时，液位高度为12~13m。大火燃烧了约60个小时后才被扑灭。这是英国自第二次世界大战以来最大的单个油罐着火事故。所幸该事故未造成严重的人员伤亡。

14.2　火灾扑救过程

011号储罐是一个$9.5 \times 10^4 m^3$的浮顶油罐，该油罐为单盘式浮顶。浮顶有24个浮仓，浮顶与罐壁之间滑动密封良好。该储罐未安装固定灭火系统。着火时，储罐中储存的是北海低硫原油，闪点低于38℃。

先是011号储罐发生了泄漏，原油从罐顶裂缝处泄漏出来。8月30日上午10时45分至53分，泄漏的原油被引燃并引发大火。引火源可能是炼厂火炬中产生的火星。该储罐未安装火灾自动报警系统或固定灭火系统。上午11时05分，消防人员开始对储罐进行灭火时，50%的罐顶已经着火，大火将着火区域的密封装置完全破坏。

第一批灭火设施及人员包括32m高的液压升降塔、17m^3的泡沫储罐车、流量为$1.9 \times 10^4 L/min$的泡沫消防车、4支灭火水枪和4名消防人员。15分钟后，工作人员发现现有的消防车不足以对储罐罐壁进行有效降温，大火进一步蔓延到了浮顶的其他区域。经过一段时间的灭火后，液压升降塔的泡沫液被消耗殆尽。截至当日下午，参与灭火的人员和装备已经增加到150人、26台泵、7辆泡沫消防车、6座液压升降塔和4台其他的特殊装备。

下午，炼油厂工作人员开始对011号储罐以及相邻最近的两座储罐（609号和610号）内的原油进行排空。609号和610号储罐在下风口方向61m处，分别储存了4500m^3的真空瓦斯油和2800m^3的常压燃料油。原油的燃烧速率大约为300t/h，其被抽出速率为1700t/h。晚上23时30分时，消防人员尝试只使用1台泡沫炮灭火，但是一些原油开始溢出到防火堤中。在几分钟后，011号油罐突然发生了沸溢，火焰达到90m高，覆盖了90m×180m的防火堤。两台消防设备被引燃，暴露在着火范围内的软管被烧毁。在撤退过程中，6名消防员受伤，有多人皮肤在沸溢中被灼伤。在大约2个小时后，发生了第2次沸溢事故，并持续了30分钟。

9月1日早晨8时许，消防人员决定再次进行灭火，使用3台消防炮来扑灭防火堤火灾。其策略是将火焰与储罐分离开后，4台高速消防炮同时向储罐的同一位置直接喷射泡沫。

15时许，火焰强度明显减弱，但是储罐温度仍然很高。18时许，防火堤内火灾被扑灭，储罐中只有少量的轻微残余火。

直至9月1日的23时30分，大火才被完全扑灭。

14.3 火灾原因

火灾事故后，当地消防部门和炼油厂管理人员经过细致的调查研究，认为最大可能的原因是来自炼油厂火炬带火星的焦炭颗粒飘落至罐顶，从而引燃了密封圈与罐壁附近的油气。

该炼油厂的火炬高约76m，距离011号储罐100m。这一距离虽然符合相关规范的安全要求，但由于当地风速较大，导致了带火星的焦炭颗粒飘落至罐顶。

14.4 事故总结

这起火灾中，一共发生了下列火灾升级事故。

（1）起火1个小时后，011号储罐的罐顶泄漏火灾升级为全表面火灾。

（2）起火12.5个小时后，在8月30日23时30分011号储罐发生沸溢。

（3）起火15小时20分钟后，在9月1日02时10分011号储罐再次发生沸溢。

（4）610号储罐表面的保温层起火（每次沸溢事故后）。

（5）第1次沸溢事故后，609号储罐表面的保温层起火，储罐结构发生变形。第2次沸溢事故后，储罐出现裂缝，泄漏出来的蒸汽被引燃。但是由于已经覆盖了泡沫，所以火焰很快被扑灭。

附录15 1983年美国加利福尼亚州沙尔梅特油罐火灾事故

15.1 基本情况

1983年8月31日，美国加利福尼亚州沙尔梅特发生了油罐火灾事故，发生火灾的储为外浮顶罐，直径为45.7m，高为12.2m，储存的是汽油，储量为18900m³。

该罐区的消防设施为5支自吸式泡沫枪，泡沫类型为3%型水成膜泡沫。灭火过程中泡沫混合液供给强度为6.5L/（min·m²）。控制火灾所用时间为22~23分钟。灭火所用时间约45分钟，泡沫液用量约11t。

15.2　火灾扑救过程

8月31日21时30分，油罐发生火灾，导致浮顶沉没。由于法兰泄漏导致防堤内火灾在不同方向上蔓延，使得储罐火灾的情况更加严重。为了防止火势继续扩大，消防员对周围区域的储罐进行冷却。火灾发生15个小时后，各种消防资源准备就绪，开始使用流量为10825L/min，相当于6.5L/（min·m²）供给强度的泡沫混合液进行灭火。开始，为了减少火灾产生的热上升气流，将5支水枪一起瞄准密封圈区上方的火焰。4分钟后，使用3支泡沫枪向罐内喷射泡沫、3支水枪进行冷却，直到99%的火被扑灭。

9月1日13时45分，储罐火灾被扑灭，其余部分的残余火灾也很快被泡沫干粉扑灭。在灭火过程中，总计使用了大约11t的水成膜泡沫液。火灾扑灭后，储罐内还剩余大约7600m³的汽油。

附录16　1985年夏威夷某海军基地燃料油库火灾事故

16.1　火灾基本情况

1985年10月23日，美国夏威夷某海军燃料油库发生火灾。起火储罐为外浮顶罐，直径为36.6m，储存燃料为航空煤油，储量为8580m³。事故发生的直接原因是连续暴雨和罐顶排水系统故障，导致油罐浮顶沉没。消防人员在利用泡沫覆盖进行紧急处理的过程中产生了静电，引发火灾。火灾发生后，当地消防人员迅速出动了两辆空军飞机失事救援车。这两辆车的泡沫混合液流量分别为3780L/min与4540L/min，所用泡沫均为6%型水成膜泡沫。

16.2　火灾扑救过程

1985年10月21日起，夏威夷连下3天暴雨。由于油罐排水系统故障，雨水在浮顶上聚集，最终导致浮顶沉没。浮顶沉没事故发生后，按照应急预案，罐区人员迅速制订了处理方案：利用罐顶固定泡沫灭火系统向罐内喷洒泡沫，对泄漏的燃料油进行覆盖；同时启动燃料油转移操作，将罐内油料转移到库区的其他储罐中。

23日11时30分，在喷射泡沫过程中产生静电放电并引起燃料油起火。由于库区消防力量不足，罐区管理人员迅速通过战场互救系统请求救援。

12时25分，空军的飞机失事救援车辆抵达火场，随车携带了7570L的水和760L的6%型水成膜泡沫，并配备了流量为3780L/min的消防炮。救援车到达现场后立刻开始了灭火工作。

12 时 45 分，由于火势较大，泡沫供给量不足，以致逐渐被控制的火势再次扩大，并逐步扩大成为全液面火灾。

此时又一辆赶来增援的救援车携带着 19m³ 的水和 1.89t 的 6% 型水成膜泡沫液到达现场，并立即开始了第 2 次灭火尝试。泡沫混合液流量为 4540L/min，经计算泡沫混合液供给强度为 4.3L/（min·m²）。

约 13 时 10 分，即第 2 次尝试灭火开始 15~20 分钟后，火势再次得到控制，仅 10% 液面仍然在燃烧。但此时再次遭遇泡沫不足的问题。几分钟后，火情再次扩大形成全液面火。

在这一形势下，灭火工作不得不暂时停止。13 时 20 分，增援的消防车赶到现场后，消防人员开始进行第 3 次灭火。此时现场消防人员意识到单辆消防车的泡沫混合液供给强度不能满足 NFPA11 中的规定 6.5L/（min·m²）。因此将第一辆事故救援车也加入了灭火行列，总泡沫流量达到了 8330L/min，强度相当于 7.9L/（min·m²），满足了规范中的要求。

随着第 3 次灭火工作的进行，灭火很快取得成效。喷射泡沫 10~15 分钟后，火势得到控制。13 时 44 分，在起火约 2 小时 15 分钟后，火灾被彻底扑灭。

16.3 经验教训

（1）此次事故的直接原因是暴雨导致浮盘沉没，反映出库区设施日常维护和巡查工作的不到位。

（2）此次大火经过 3 次反复扑救才最终被扑灭，这就要求在实际灭火战斗中，必须备足力量，达到一举歼灭的目的。零敲碎打往往无法控制火灾，甚至会贻误灭火的时机。

（3）在相关灭火规范中列举的泡沫混合液供给强度等要求是在长期的灭火实战工作中总结出来的。因此在实际灭火工作中，必须遵循相关规范实施扑救，并保证一定的安全余量，达到一举歼灭的目的。

（4）现场灭火指挥人员必须对现场有可能发生的最不利情况进行预判，对于扑救过程所需的人员和物资进行充分的估计，以保证相关灭火资源的及时有效和集中使用。

附录17　1988 年新加坡梅里茂岛炼油厂储罐区火灾事故

17.1 基本情况

1988 年 10 月 25 日，位于新加坡梅里茂岛的一家炼油厂发生火灾，3 座直径为 41m、高为 20m、总储量约为 3.5×10⁴m³ 的石脑油储罐先后起火，事故造成的直接经济损失约 660 万美元，间接损失达 1880 万美元。

17.2 油库概况

发生火灾的炼油厂位于新加坡城市中心西南方向约 16km 处的梅里茂岛，距离新加坡主岛约 1.6km。当时尚无桥梁连接两岛，交通极不便利，设备、车辆等均只能通过轮渡运送。该炼油厂始建于 1973 年，经过整修和扩建，日生产能力为 2.85×10^5 bbl。由于岛上土地面积紧张，多个老式储罐修建在同一个防火堤中，按照规范允许的最小间距布置。

发生事故的 3 座油罐建于 1973 年，高为 19.8m，直径为 41m，单罐储存能力为 2.54×10^4 m³，防火堤容量为单罐容量的 110%，即 17.6×10^5 bbl，罐壁间最近距离为 21m。最近的一次检修为 1985 年。

17.3 事故经过及火灾扑救过程

10 月 24 和 25 日，新加坡连续下了两场大雨。从 10 月 23 日白班起，1 号储罐开始接收来自两座原油精馏塔的石脑油产品。液位计读书显示罐内液面以每班平均 300mm 的速度上升。在事故发生前 24 小时，液位计读数显示液面上升了 490mm，超过每班平均上升速度 190mm。这一异常情况在当时并没有引起工作人员的注意。第二天，油料加入后显示液面上升约 100mm，仅为正常值的 1/3。这一异常情况同样没有引起注意。随后的读数显示罐内液面实际下降了约 190mm。由于当班操作人员当时没有查阅日常记录，并没有注意到这一异常的液面下降现象。

10 月 25 日清晨，换班后的操作人员开始检查前一晚的记录，随后注意到液位计最后的读数实际上比进油前更低。为确认这一数据，操作人员复查液位计读数，发现到 10 月 25 日 8 时 30 分，罐内液面又下降了 585mm。到 9 时 40 分，再次下降了 3800mm。

此时，操作人员前往现场查看 1 号罐的情况，发现 1 号油罐浮盘几乎全部沉入液面以下，仅剩止动杆两侧部分区域仍处于液面以上，浮顶上方部分区域可以观察到气泡。止动杆连接处罐壁可以观察到轻微变形。浮盘排水系统由于被限定在开启位置而无法关闭。在隔堤内可以闻到强烈的油气味，已有少量油品从排水出口流出。

10 时 15 分，应急部门决定将 1 号罐内的油料转移至同一隔堤内的 2 号储罐。当时可燃气体检测仪显示下风向隔堤处可燃气体浓度为爆炸下限的 8%。为减少石脑油的挥发，同时决定利用泡沫对 1 号储罐暴露的石脑油进行覆盖。

11 时 30 分，经讨论决定午休之后开始喷洒泡沫的操作。

12 时 30 分，发现止动杆连接处罐壁出现更严重的变形。由于罐壁向内扭曲，使得顶板几乎呈 45°。为避免更严重的变形，决定停止转输石脑油操作。

12 时 50 分，一辆泡沫消防车进入罐区就位，并准备通过半固定泡沫灭火系统向罐内喷射泡沫。13 时 15 分，开始通过罐顶泡沫产生器供给泡沫。

13 时 25 分，罐内整个液面突然爆燃起火。此时距离最早发现问题已过去 3 个多小时，在此期间罐内液面又下降了约 1300mm。保守估计起火时罐内约有 $1.2 \times 10^4 m^3$ 石脑油。

发生火灾后，炼油厂消防队迅速通过位于隔堤上的便携式控制装置启动了 1 号储罐的冷却水。

13 时 35 分，互助救援计划的第一个成员到达现场，并带来了一些便携式消防设备。在此后的两个小时中，消防队利用位于隔堤内外的便携式消防冷却水系统对着火罐壁进行冷却，以防止罐壁坍塌，并在着火罐和相邻罐之间设置水幕防止相邻罐在高温烘烤下起火，但并没有对相邻罐壁或罐顶进行直接冷却。同时，工作人员开启了相邻隔堤内 3 座煤油储罐的消防冷却水系统。

为扑灭罐内大火，在防火堤西侧和东侧各布置了一台便携式泡沫炮。但由于压力不足，泡沫很难到达罐顶。一辆泡沫消防车为泡沫炮提供泡沫液，消防水直接由厂内消火栓提供。

为减少着火罐内燃料，重新启动了 1 号罐（着火罐）内的石脑油向其他储罐的转输作业。最初，主要的接收罐是位于同一隔堤的 3 号罐。但很快在库区无法找到更多的空间储存转移出的石脑油。10 月 25 日 20 时整，一艘油轮被紧急调拨过来以储存转输的油品。3 小时后，着火罐内的石脑油被转输至油轮中，同时对其温度进行监控，防止其达到沸点。

起火约 90 分钟后，消防人员开始通过半固定泡沫灭火系统对邻近 2 号罐密封圈喷射泡沫，希望能通过泡沫覆盖防止 2 号罐密封圈起火。

1 号罐起火约 2 小时后，相邻 2 号罐密封圈最靠近 1 号罐处开始起火。由于接收了来自 1 号罐的石脑油，此时 2 号罐几乎是满罐。17 时 30 分，也就是 2 号罐起火约 2 小时后，2 号罐浮盘开始下沉，火灾逐渐发展为全液面火，形势十分严峻。

18 时整（1 号罐起火将近 5 小时后），3 号罐半固定泡沫灭火系统启动，以防止密封圈起火。由于部分泡沫喷口被堵塞，严重影响泡沫施放效果。几分钟后，着火的石脑油开始通过 2 号罐人孔泄漏，从而在防火堤内形成池火。25 日午夜，3 号储罐密封圈起火，并同样在约 2 小时后发展为全液面火。此时，消防任务已演变成将着火范围限制在起火的防火堤内。

10 月 26 日白天，由于风向改变，强烈的辐射热炙烤着东侧的 4 座小型固定顶煤油储罐和 1 座装有石脑油的小型浮顶罐（4 号罐）。这些罐的直径均为 23m，4 座煤油罐均为满罐。起初，由于考虑到煤油对罐体的冷却保护作用，并没有对这些储罐中的油料进行转移。之后，由于来自着火隔堤的威胁越来越大，炼油厂开始对受威胁最大的石脑油罐和 1 座煤油罐内的油料进行转移，同时启动了消防冷却水系统，并利用消防水泡对直接受烘烤的罐壁进行冷却。考虑到在最恶劣的情形下，一旦煤油储罐起火，将对距火场两个隔堤之外的 LPG 储罐区造成直接威胁。为保险起见，炼油厂启动了液化石油气储罐区的冷却水系统。

在受到相邻着火的 2 号罐和 3 号罐直接烘烤近 1 小时后，27 日 7 时 30 分，装有石脑油的 4 号储罐密封圈起火。由于管线破裂，4 号储罐罐顶的半固定灭火系统无法使用。消防队员登上罐顶，利用手持泡沫枪迅速将密封圈火扑灭。

27 日后，随着罐内油料燃尽，形势逐渐开始缓和。经过消防队员的努力，终于将大火扑灭。此次大火致使 4 名消防队员受伤，3 座石脑油储罐被彻底烧毁，其他储罐受到不同程度损伤。

17.4　事故原因与教训

炼油厂的操作记录显示近 3 年来 1 号罐一直处于连续运行中，从未进行过停产维护和整修；而位于同一罐组的 2 号罐和 3 号罐曾进行过维护，但止动杆、量油尺及浮顶焊缝等处均有严重腐蚀。1 号罐的检修记录表明位于罐顶浮盘中心的中央排水系统被堵塞，导致量油尺一侧形成严重积水。若及时进行维护，可能避免发生如此恶劣的事故。

事故之初，认为引火源可能来自泡沫喷口喷出泡沫时产生的静电火花。但考虑到当时泡沫流速较低，石脑油本身电阻率不高，且当时环境湿度大，缺乏产生静电积累和放电的环境，这一原因被排除。根据事故调查及对相邻罐的检测，认为最可能的引火源是止动杆处发生摩擦引起的火花。

在此次火灾中，2 号、3 号、4 号罐的半固定泡沫灭火系统均没有能够发挥出预期效果，未达到扑灭密封圈火灾的目的。从操作角度看，炼油厂操作人员对于泡沫灭火系统所需压力和管道阻力损失等均未认识充分。在灭火过程中，大量泡沫并没有按照所预期的路线沿罐壁流入密封圈，而是从泡沫产生器空气入口以及泡沫挡板边缘等处流出。这与炼厂未对半固定泡沫灭火系统进行适当的维护和性能测试有关。从设计角度看，3 个储罐的泡沫灭火系统均不符合相关标准要求。在实际测试中，大量的泡沫通过堰板排水孔流出，相邻泡沫喷口喷出的泡沫在密封圈范围内无法实现全覆盖，难以达到预期的灭火效果。

附录 18　1989 年芬兰鲍尔加市炼油厂油罐火灾事故

18.1　火灾基本情况

1989 年 3 月 23 日，芬兰鲍尔加市某油罐发生了火灾事故。起火储罐为外浮顶罐，直径为 52m，高 14.3m，容积为 $3\times10^4m^3$。起火时，罐内存有 2.2×10^4t 异己烷。

18.2 火灾扑救过程

1989 年 3 月 22 日晚，罐区管理人员在异己烷储罐浮盘上发现有异己烷泄漏。为防止事故发生，管理人员迅速采取措施，利用泡沫对浮盘进行了覆盖。并对导致异己烷泄漏的受损排水系统进行了修理，试图将泄漏出的异己烷重新泵入储罐中。尽管如此，上述操作均未能成功阻止储物的泄漏。次日（3 月 23 日）上午，浮盘上仍然有很多的异己烷残留，且泡沫未能将泄漏的异己烷全部覆盖。

23 日 12 时 26 分，由于静电的作用，在泡沫没有覆盖的一个小区域，异己烷起火。起火原因可能是喷洒泡沫时产生静电火花。在消防车到达前，大火已燃烧了约 10 分钟。由于其余区域均有泡沫覆盖，所以并未形成全液面火灾。

消防部门使用安装在罐壁上的 5 个固定式泡沫产生器、消防车上的 4 个消防炮和登高平台上的 1 个喷枪向起火区域喷洒泡沫，泡沫混合液总流量为 $1.53\times10^4L/min$，供给强度为 $7.2L/(min\cdot m^2)$。在扑救过程中，泡沫受到了强风的干扰而增加了扑救难度。火灾最终于约 30 分钟后被成功控制。13 时 29 分，火灾被彻底扑灭。经过现场测量，异己烷表面泡沫覆盖层的厚度为 $0.3\sim0.4m$。

14 时 10 分，泡沫覆盖层的厚度降至约 $0.03m$。为防止发生复燃，管理人员重新开始向罐顶施放泡沫。但 2 分钟后（14 时 12 分），燃料再次被引燃。由于泡沫覆盖层较薄且罐顶温度较高，很快形成全液面火。此时浮盘已几乎完全沉没。

火灾燃烧 3 分钟后，罐壁上的 5 个固定式泡沫产生器、消防车上的 3 个消防炮和登高平台上的 1 个喷枪重新开始向起火区域喷洒泡沫，泡沫混合液总流量为 11100L/min。

由于泡沫供给能力和消防水总量不足，并且需要对周围储罐进行冷却，现场指挥决定放弃对起火储罐的扑救，等待其燃尽，而将所有的消防力量集中用于冷却周边储罐。

14 时 30 分，罐区人员开始试图将起火储罐和周围储罐内的液体转移至别的储罐。当天傍晚，火灾发展到燃烧最猛烈的阶段。由于冷却充分，没有对周边储罐产生严重影响，也没有导致火灾范围的扩大。

24 日清晨，由于罐内燃料燃尽，火灾开始减弱。至 16 时，大火完全熄灭。在整个火灾过程中，罐区工作人员共从该着火罐向其余储罐转移了约 6000t 燃料，1.6×10^4t 燃料已燃烧。平均燃烧速率为 $1000\sim2000m^3/h$。在整个灭火期间，总共使用了 275t 泡沫液。

18.3　经验教训

（1）在此次火灾中，泡沫流过程中产生的静电是火灾发生的直接原因。在进行固定灭火系统设计时，必须考虑到液体流动产生静电的可能。应在保证泡沫混合液供给强度的同时，利用喷口泡沫导流罩等装置，降低泡沫流速，并且使泡沫沿罐壁下降至液面。

（2）良好的事故应急预案对于降低事故后果影响、减轻事故损失有着重要意义。在本次事故中，从发生异己烷沿罐顶排水系统泄漏的事故到火灾发生之间经历了超过 12 个小时。在此期间，罐区工作人员采取的措施包括用泡沫覆盖可燃液体，用防爆泵将泄漏出的液体重新泵入罐内以及试图修复泄漏点等。应该来说，泡沫覆盖可燃液体的操作基本上取得了成功。第一次因静电引起的火灾没有形成全液面火，并且在短时间内被扑灭。然而，泄漏点消除失败，使得事故并未彻底解决，并最终形成了第 2 次的全液面火。一个值得考虑的问题是：为何罐区在泄漏发生并且泄漏点难以在短时间内修复时，未能第一时间启动罐内液体的转移工作。

（3）第 2 次火灾发生的原因是扑灭第 1 次火灾时形成的泡沫覆盖层在 40 分钟内消失，使得可燃液体暴露于空气中，形成的可燃蒸汽遇引火源后起火。这起事故提示了在油罐火的扑救过程中，当环境中仍然存在易燃物料，存在复燃的风险时，必须保证泡沫供给和冷却措施，直至彻底消除危险源为止。

（4）异己烷属于挥发性很强的可燃液体，其沸点约为 60℃。本次火灾中第一次灭火 40 分钟后，液面上的泡沫就基本消失。因此，对于挥发性强的液体的火灾应覆盖更厚的泡沫或使用质量更好的泡沫，以防止很快消泡后油品复燃。

（5）此次火灾暴露出的问题是库区消防力量不足以应对储罐全液面火。

附录 19　1996 年得克萨斯州阿莫科炼油厂储罐火灾事故

19.1　基本情况

1996 年 6 月 4 日，美国得克萨斯州阿莫科炼油厂储罐区一储罐由于遭受雷击，引发了火灾。着火的储罐为外浮顶罐，直径为 41m，高 14.6m。着火时罐内储存了 $10^4 m^3$ 的甲基叔丁基醚（MTBE）。

该储罐的消防设施为两个流量均为 7600L/min 的消防炮。其中一个消防炮所用泡沫为 3% 型的抗溶水成膜泡沫，另一个消防炮所用泡沫为 6% 型的抗溶水成膜泡沫。

19.2　火灾经过及扑救过程

1996 年 6 月 4 日，一个直径为 41m、高 14.6m 的外浮顶储罐由于遭受雷击发生了火灾。事故发生时，罐内储有 $10^4 m^3$ 的甲基叔丁基醚（MTBE）。火灾导致浮盘发生了沉没。由于位于浮顶的排水口也随之沉到液面以下，致使罐内部分 MT-BE 经由排水口进入储罐周围的防火堤区域内，进而在防火堤内形成池火。

由于火势较大，包括罐区附近的工艺装置、其他外浮顶罐和管线在内的邻近设备均受到火灾的巨大威胁。为保护这些设备的安全，防止火灾进一步扩大，在火灾发生的初期，消防队员利用消防炮和固定式消防冷却水系统对这些设备进行了冷却保护。

在对起火储罐进行灭火的过程中，消防队员使用了两个泡沫混合液流量为 7600L/min 的消防炮。其中一个消防炮使用的是 3%型的抗溶水成膜泡沫（由于一台泡沫液泵损坏，导致泡沫混合液中泡沫液的比例为 3%），另外一个消防炮使用的是 6%型的抗溶水成膜泡沫。

在部署消防炮时，由于风向多次发生变化，使得消防炮无法顺利部署于合适的位置，直到起火约 4 个小时后气象条件开始向有利于灭火的方向转变。开始实施灭火后 15~20 分钟，火势开始明显减弱。20~30 分钟后，火灾被控住。2.5 个小时后，罐顶明火被完全扑灭。但由于发现罐壁上仍然持续出现火星、飞弧和火焰，在火灾扑灭后消防队员仍然继续向罐内喷射泡沫。

在此次火灾中，共使用了约 280t 泡沫液。其中，在扑灭储罐火灾的过程中使用了约 87t 泡沫液。扑灭防火堤火灾过程中，使用了约 119t 泡沫液。火灾后为了抑制蒸汽泄漏，防止火灾复燃，使用了约 73t 泡沫液。

19.3　经验总结

（1）该事故是第一次大型甲基叔丁基醚（MTBE）储罐火灾的成功扑灭案例。由于 MTBE 能够溶于水，具有消泡性，需利用抗溶性泡沫进行灭火。

（2）与非水溶性可燃液体相比，扑救极性易燃液体储罐火灾时需要更大的泡沫混合液供给强度。

附录20　1996年安大略省太阳石油公司炼油厂油罐火灾事故

20.1　火灾基本情况

1996 年 7 月 19 日，加拿大安大略省太阳石油公司（Sunoco）炼油厂的一座外浮顶储罐遭受雷击引发了火灾。起火储罐的直径为 42.7m，高 15.2m，最大储量为 19000m³，着火时罐内储存了 11400m³ 的废油（挥发分与汽油类似）。

该储罐的消防设施为两个 7571L/min 的消防炮。其中一个消防炮所用泡沫为 3M 公司的 3% 型氟蛋白泡沫，另一个消防炮为 3% 型水成膜泡沫。泡沫混合液供给强度为 10.6L/（min·m²）。整个灭火过程使用了约 51t 泡沫液。

20.2 火灾扑救过程

1996 年 7 月 19 日凌晨 0 时 36 分，加拿大安大略省萨尼亚市出现雷电天气，太阳石油公司（Sunoco）炼油厂一油罐遭雷击而引发剧烈爆炸和火灾。爆炸导致浮盘破裂，其中一半被炸飞至罐外，另一半沉没。爆炸致使罐内形成全液面火。事故发生时，该储罐共储有约 7.9m 高的废油。

事故发生后，罐区消防人员的首要目标是对周围的储罐进行冷却，防止火势扩大。在进一步的火灾扑救策略上，有两种方案可供选择：一是将罐内油料尽可能转移至别的罐内，放任剩余的油料燃尽；二是使用大量泡沫将火灾扑灭。考虑到天气因素，由于未来风向可能发生变化，从而对邻近的储罐产生较为严重的热辐射影响，对火势的控制极为不利。经过消防部门的讨论，决定尽快利用泡沫将火灾扑灭，以避免长时间燃烧带来风险。

通过互助救援体系，泡沫液、消防泵和泡沫消防设施很快就位，并充分满足了 NFPA 建议的灭火需求量。但由于现场风较大，泡沫炮无法布置到预定区域。

7 时 20 分，消防炮就位，泡沫混合液流量为 7571L/min。两个消防炮喷出的泡沫喷洒到油品表面。10~12 分钟后，绝大部分区域的火灾被控制住。15 分钟后，储罐上几乎没有烟雾冒出。由于罐壁变形，此时在罐壁内侧仍有一些火焰残余，主要是位于靠近消防炮一侧泡沫无法有效达到的区域。此外，在沉没的浮盘碎片形成的空腔中也有一些火焰残余。

9 时整，经实地勘察，现场指挥部决定重新部署消防炮的位置，将其中一个消防炮布置在能够扑灭这些残余火灾的位置上。

10 时 30 分，火灾被完全扑灭。

在控制火灾过程中，共使用了约 7.6t 的泡沫液。在进一步完全扑灭火灾的过程中，又使用了约 30t 的泡沫液。灭火工作完成后，在接下来的两天内，罐区对储罐中残余的 3m 高的油料进行转移。期间为防止因泡沫层变薄可燃气体逸出而再次发生火灾，间歇性对罐内泡沫进行了补充，约用去了 13.3t 泡沫液。

20.3 经验教训

（1）在相关规范标准，如 NFPA11 中对扑灭油罐火所需的最小泡沫混合液用量的规定是针对大多数油罐火灾的指导性意见。在实际灭火过程中，由于现场条件存在差异和不确定性，必须在规范用量的基础上准备更充足的人力、设备和消防物资，做好打持久战的准备。

（2）罐区配备大流量消防水炮和泡沫枪时，应确认有足够的流量和射程，从而保证能够在安全距离以外对大型储罐火灾进行冷却和扑灭。

附录21　2001年路易斯安那州诺科市奥赖恩炼油厂火灾事故

21.1　火灾基本情况

2001年6月7日，位于美国路易斯安那州诺科市的奥赖恩（OrionRefinery）炼油厂发生油罐火灾事故。起火储罐为外浮顶罐，直径为82.4m，高9.8m，最大容量为51675m³。事故发生时，罐内储有47700m³汽油。雷击是火灾发生的直接原因，着火前浮盘发生部分沉没。

该储罐周围设有2个固定式消防炮，所用泡沫液为3%型水成膜泡沫。在灭火过程中泡沫混合液的供给强度为8.55L/（min·m²），灭火所用时间为65分钟，整个灭火过程中泡沫液用量为106t。

21.2　火灾扑救经过

2001年6月7日，大雨导致奥赖恩炼油厂一座外浮顶汽油罐浮盘发生部分沉没。13时30分，雷击击中该汽油储罐，导致火灾的发生。事故发生时，浮盘高度约为8.5m。

事故发生后，罐区制订的应对方案是首先对罐壁进行冷却，防止油罐垮塌，同时制订灭火方案，准备所需的泡沫液。由于热带风暴的影响，许多区域通往炼油厂和储罐的道路被淹没，消防物资的集结遇到了很大的问题。

6月8日1时32分，消防力量完成集结后，开始对起火油罐进行灭火。经现场指挥研究后，在罐东南侧部署了1个流量为30300L/min的消防炮，在罐西南侧部署了1个流量为15100L/min的消防炮，总流量为45400L/min，向起火储罐中心进行喷洒泡沫，泡沫喷射的最远距离约为26m。

1时47分，灭火操作取得一定的成果。1时57分，罐内火灾被控制住。为进一步巩固灭火成果，在正南方向又增加了一个流量为3785L/min的消防炮，对储罐内壁东南侧位置的火灾进行扑灭。

2时37分，即开始灭火65分钟后，火灾被扑灭。

由于天气预报预测该区域还有雷阵雨，所以消防队员并未停止向罐内喷射泡沫，而是继续以45400L/min的速率喷射了约两个小时，此后又以15100L/min的速率喷射了约30分钟。之后，罐区工作人员开始将该储罐内的汽油进行排空，转移到另外的一座储罐。在排空汽油过程中，为防止复燃，消防队员每隔45分钟向罐内喷射一次泡沫，每次喷射持续 15 分钟。

此次灭火过程共使用了 3% 型水成膜泡沫液 106t。在火灾扑灭后，为了保证储罐安全，又使用了约 140t 泡沫液。火灾完全扑灭后，罐内剩有约 25700m³ 的汽油。此次事故在当时是全球范围内成功实施扑救的最大的一起油罐火灾。

21.3　经验教训

（1）在进行罐区设计时，应考虑到可能发生的自然灾害事故，以及自然灾害可能引起的次生灾害的影响。

（2）在此次事故中，由于自然灾害的影响，消防力量的集结较为缓慢。在消防力量集结前，炼油厂采取了冷却罐壁的措施。从事故发展的过程来看，罐体在长时间燃烧后仍然保持较好的完整程度，冷却取得了良好的效果。

（3）决定扑灭全液面火成败的关键在于足够的泡沫供给能力。当消防力量不足时，应采取冷却罐壁、控制燃烧的措施，在避免事故扩大的前提下放任罐内燃料燃尽。只有当消防力量充足时方能进行灭火操作。此次事故中，罐内汽油近乎满罐，价值较高，且等待燃尽需要较长的时间，在此过程中可能有较大的变数。因此，尽管消防力量因热带风暴的影响集结较慢，但仍等待充分集结后集中力量一举扑灭火灾。并且在火灾扑灭后继续对罐内泡沫进行补充，防止罐内油料因泡沫逐渐消泡变薄再次发生复燃。

（4）这起事故是迄今为止发生的最大直径的成品油罐全液面火灾，堪称油罐全液面火灾扑救的范例。此次发生着火事故的油罐附近水源充足，为灭火行动提供了充足的水源保证，也是成功扑救此次火灾的重要原因。因此，在水源充足的油罐区设置消防专用取水码头显得尤为重要。

附录 22　2012 年委内瑞拉炼油厂火灾事故

22.1　火灾基本情况

2012 年 8 月，委内瑞拉国内规模最大的阿穆艾（Amuay）炼油厂发生爆炸。事故造成 39 人死亡，另有数十人受伤，其中 18 人是驻守在炼油厂附近、负责安保工作的国民警卫队人员，15 人是平民。爆炸威力巨大，附近的房屋也被炸毁。

22.2　火灾扑救过程

阿穆艾炼油厂隶属委内瑞拉的帕拉瓜纳炼油中心。该炼油中心是世界上第二大炼油基地，日产量达到 9.56×10^5 bbl（占该国总产量的 71%）。此次发生爆炸的阿穆艾炼油厂日产油超过 6.4×10^5 bbl，是委内瑞拉巴拉瓜那炼油中心的重要组成部分。8 月 25 日，该炼油厂石油罐区的丙烷蒸汽爆炸，造成两座储罐起火。大火蔓延到军营、管道和停车场。次日凌晨，大火已蔓延至第 3 座石油储罐。消防人员用了近 17 个小时才将第 3 座石油储罐的大火扑灭。

22.3 火灾发生原因

委内瑞拉总检察署、委内瑞拉犯罪调查局、Sebin 警察情报局和委内瑞拉石油公司（PDVSA）负责组织调查。

事故原因可能是炼油厂气体外泄，泄漏的气体形成"可燃蒸汽云团"，随后发生爆炸，爆炸又引发两座储罐着火。在 8 月 25 日 12 点（事发前 1 小时），操作人员在执行例行检查时，检测到丙烷和丁烷。一名工人看到白色的雾气后，立即掉转车头，向国民警卫队汇报，通知他们去拦截过路车辆。1 小时后便发生了爆炸。根据上述信息，可以初步确定，事故的直接原因是丙烷和丁烷泄漏，形成蒸汽云团，遇点火源发生爆炸。

爆炸同时造成了至少两座储油罐着火，火势同时蔓延到了炼油厂周边地区。爆炸波的强度非常大，炼油厂周边的基础设施建筑受到了严重的破坏，附近的民宅也受到了影响。爆炸发生在该炼油厂的储油区。由于天气原因，外泄的丙烷气体在该区域不断聚集，遇到火源后发生爆炸。而原油加工区域没有受到破坏。

22.4 经验教训

本次火灾发生的最主要原因是丙烷和丁烷的大量泄漏，而炼油厂的工作人员并未及时发现泄漏。造成泄漏的主要原因是可燃气体报警设施失效、炼油厂工作人员未及时进行现场巡查。

炼油厂装置众多，很多设备涉及高温高压。一旦可燃气体大量泄漏，遇到引火源极易发生爆炸。为预防此类事故的再次发生，应采取以下 3 项对策措施：

（1）应制订并实施严格的炼油厂的巡查制度及可燃气体报警装置定期检修制度，确保其有效性。

（2）应强化工人安全生产意识，提高从业人员的业务和操作技能。教育从业人员在作业过程中，应当严格遵守安全生产规章制度和操作规程，加强培训，努力提高其安全生产技能。未经安全生产教育和培训的不合格的从业人员，不能上岗作业。

（3）一定要在火灾初期阶段，根据具体情况，利用各种消防器材，抓紧时间扑救。